美丽中国家

外国人在上海的家

《上海日报》/ 编

广西师范大学出版社
·桂林·

images
Publishing

目录

前 言

多年前，我曾到过一位外国外交官朋友家做客。多年以后，我依然清晰地记得踏进他家客厅的场景。他的房子在一条老上海里弄里，周围皆是零零散散的石门老房子，透过院墙可以看到院子里晾晒的衣物。走进他的客厅，感觉像是走进了一个典型的游牧家庭，羊毛的靠垫随意地搭在裸色沙发上。屋内世界与屋外世界形成了鲜明的对比，但却映射出上海文化独有的特质——这个城市时尚，且活力十足，在这里东西文化可以完美地交融在一起。

根据官方数据统计，截至 2016 年底，在上海注册居住的外籍居民已超过 20 万人。他们当中很多人选择了在这个大都市里安家，并且能和当地居民友好和谐共处，这确实非常令人欣慰。更让人感到兴奋的是，为了更好地适应这个生机勃勃的城市，他们在打造自己的新家时，不仅发挥了自身的才智，还恰到好处地运用了本国文化的精髓。

市面上有众多关于上海家装设计的精美书籍。然而本书从华东地区最大的英文报纸——《上海日报》的文章中汇编而来，将涉足一个独特的领域，那就是住在上海的外国居民如何设计自己的家。他们热爱上海，热爱中国文化，同时又想尽办法展示本国文化，保留个人的爱好和兴趣。

要想了解一个城市的过去和现在，最简单的方法就是去拜访这个城市的著名景区。但是你若是想要了解这个城市宜居与否，最好的方式就是去看一看这里的外国家庭日常生活是怎样的。本书将为您揭开这些来自不同背景不同国家的家庭日常生活的神秘面纱。它们散落在上海这个城市的各个角落，就像是一颗颗闪耀的明珠，在不知名的巷弄里默默地散发着自己独有的光芒。

不知道您是否了解上海城市精神——"海纳百川、追求卓越、开明睿智、大气谦和"，意思就是用包容的心态迎接并接受多样文化，用艰苦奋斗的精神去追求卓越，保持开放的思想，不因循守旧，不抱残守缺，用广博的胸怀，谦和诚恳的态度对待外部世界。

愚以为上海的城市精神不仅仅是这个城市的精神，也是在这个城市生活的人们的一种精神，不论他们来自哪里，不管他们在做什么样的工作。最后，希望本书能为上海打造成更为宜居的城市尽绵薄之力。

夏睿睿
上海日报常务副总编

5

别墅

在中国的法式温馨

在淮海中路和乌鲁木齐路的交叉口坐落着一栋花园洋房,有着 20 世纪 30 年代上海公馆应有的壮丽和堂皇,现为法国驻上海总领事馆。这栋花园别墅建造于 1921 年,由当时在华的外商地产公司——比商义品地产公司(Credit Foncier d'Extrême-Orient)的法国建筑师操刀设计而建。

在 1980 年,法国总统瓦勒里·季斯卡·德斯坦(Valéry Giscard d'Estaing)任命它为法国驻华总领事馆,从那时起,这就成为中法友好关系强有力的象征。

现任总领事柯瑞宇先生 (Axel Cruau),在他于洛杉矶的任期结束后,携夫人 Dourene Cassam-Chenai-Cruau 和两个孩子于 2015 年搬进了这里。当 Axel 在外忙于外交事物时,女主人 Dourene 主动担任起了家里所有的家务,还用一双妙手将这栋历经历史沧桑的居所打理成了一个温馨现代的宜居空间。

"当我第一眼见到它时,我很兴奋,同时觉得也是一个挑战:让我觉得兴奋的是这栋建筑所经历的历史变革,还有建筑本身的魅力,以及它的花园;让我觉得颇具挑战性的是房子本身功能的双重性——它首先是法国总领事馆,其次才是我们的家。这里招待过成千上万的客人,他们其中不乏总统、总理、科学家、艺术家、

商人等等。因此我得在过去与现在,公众空间与私人空间,法国风格与中国风格之间掌握最佳的平衡点。"她说。

"我与丈夫希望这里成为展示法国的窗口。我们想向中国的客人和朋友展示法国最好的一面:它的创意、它的生活艺术和它的现代化的一面。我们很幸运有很多艺术家、公司和设计师和我们分享了他们的观点和建议。"

这栋花园洋房依然散发着老建筑特有的魅力和浪漫气息。一走进去,宽阔的内部空间和强烈的创意之感占据着主导地位。一层是功能区,有阳光房、图书室、书房、厨房,相邻的还有一个小酒吧。同时,还打造成了一种通风效果极佳的开放式空间。

"不论在房间的哪个位置,我都会赞叹那些参与改造工作的人们有着天才般的头脑。他们不仅满足了对每个房间的要求,还将它们升华。他们赋予了它们灵魂:多彩且不失高贵优雅,现代却不忘过去,正式官方却不乏温馨舒适。"Dourene 说。

为此,一群设计师奉献出了他们的智慧和天赋。来自上海朱周空间设计(Vermilion Zhou Design)的设计师朱彤云(Vera Chu)帮忙设计了灯光照明,将温暖的 LED 放置在深色木质镶板的上边缘处。

罗奇堡家居(Roche Bobois)的设计师玛格丽·特力道特(Magali Tridot)负责将现代和传统元素相联结,在图书室采用了卡布奇诺咖啡的色调,营造了一种非常温馨的氛围,让人有一种想坐下来放松身心,捧一本书阅读的欲望。

"在阳光房,她说服了我,亮黄色 3D 效果的气泡沙发系列可以和外面的花园相呼应。为了更好地衬托充满活力、色彩鲜明的沙发和古典的地板瓷砖,靳强和 Mora Papier 设计了一款非常现代的地毯,它可以分成两块,中间线以 'MEW' 字样为分割线。"

再回到图书室，中性色调在多彩的街头艺术作品的映衬下愈发显得含蓄内敛。这些街头艺术品来自 MD 画廊（Magda Danysz Gallery）。屋内的水晶饰品来自水晶世家巴卡拉（Baccarat）；银具来自法国皇室御用银器品牌——昆廷（Christofle）；铜器则是由艺术家佐伊·康德隆－维西尔斯（Zoe Candelon-Vayssieres）亲手打造的。它们以自己独有的姿态吸入大自然的光线，再用自己的方式散发出奇妙的光芒。

"先享受一场视觉盛宴，然后进入办公区域。办公室的风格正式、稳重、含蓄，充满阳刚之气，是由来自'上

下'的蒋琼耳和爱马仕团队联手打造的。"Dourene 说。在房子的另一端，明合文吉的设计师文吉（Virginie Moriette）和徐明重新打造了餐厅和酒吧。他们使用了一些优质的材料让木质台面看上去更加奢华，还采用了一些颜色，更凸显了一种贵族气质，比如深蓝色、灰色，其中点缀着一些金色，还有大理石和玉。每一件家具都是定制而来，和建筑的历史感相呼应。

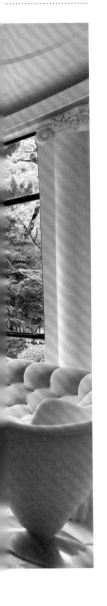

问问主人

问: **住在上海最好的事情是什么?**

答: 我爱上海有很多原因。其中最重要的原因是因为我爱巴黎(那是我的家乡)。你可以同时感受到过去历史遗留下的种种,还可以感受到对未来的期许。

问: **请用三个词来描述你的家。**

答: 每隔几年我们都会搬一次家,我对家的概念很简单:爱人、女儿和儿子。

问: **你家窗外最好的风景是什么?**

答: 窗外的风景美极了。从北窗望,我们在喧嚣都市的中心;从南窗望,我们被宁谧葱郁的绿树所环绕。

问: **家里最喜欢的物品是什么?**

答: 我爱所有的艺术品和设计单品,但我最珍爱的是从贝弗利山庄 Denis Bloch Galerie 画廊得来的艺术品。它们见证了我们人生中最重要的时刻,我们的约会,我们的婚礼,孩子的诞生,还有我们搬来上海居住的人生经历。

多文化融合造就完美公寓

复古的家具和自然老化陈旧的材料与现代意大利设计风格搭配在一起，为这位意大利总领事的住所营造了一种家的温馨感。

7个月之前，意大利驻上海总领事裴思泛（Stefano Beltrame）携夫人尼可莱塔·贝尔特拉姆（Nicoletta Beltrame）搬进了这里。在过去的20多年里，他们曾在科威特、意大利、美国、德国、伊朗居住过。现在他们在上海开始了他们崭新的生活，这也是他们第一次在东亚居住。

多年来，他们虽然在不同的国家和城市居住过，但他们依然按照意大利的生活方式生活。这一次也不例外，尼可莱塔很快就在新公寓内使用了带有意大利风格的色彩和家具。在他们搬进公寓前，空荡的空间里没有多少家具，尼可莱塔可以自由地按照自己的想法打造一种折中主义风格。"我几乎将我们在罗马家里的所有家具物件全部带了过来。"她说道。去年她带着三个孩子先行来到上海看新家。"之后我就开始琢磨什么样的家具和装饰品适合这里。"

一楼是客厅和餐厅，同时也用于一些官方活动。客厅里高高的窗户可以让更多的阳光洒进屋内，墙面漆成奶油色调，为装饰艺术品提供了完美的衬托背景。尼可莱塔为了避免内部装饰风格只体现意大利文化和意象，她精心挑选了一些他们在不同国家居住时收藏的艺术品和装饰小物。

"我们想营造一种多种文化和谐共存的氛围——伊朗文化、意大利文化，还有中国文化。当然我们依然保持欧洲风格，但是我们尽力去和当地文化融合在一起。"她认为古典与现代结合是非常有深意的。两者的融合与对比可以更好地提升家居气质，形成一种真正意义上的现代风格。"只要你用最珍爱的物件去装饰你的房子，不论年代，不论风格，一切都会井然有序。"

当谈论到如何保持她的意大利生活方式，尼可莱塔说："意大利人生活的精髓在餐桌上呈现——瓷器餐具、煮菜的方法、地道的意大利美食和美酒等等。我

们喜欢在家里举办宴会,让我们的客人有宾至如归的感觉。"

餐厅的风格主基调是意大利风格,其中点缀着一些他国文化作为亮点装饰。在意大利餐具周围摆放着一些令人惊艳的古董和他国文化的艺术品——陶器系列,清真寺里使用的老瓷器和一些小物件,这些都是尼可莱塔在伊朗居住时搜罗来的。"伊朗人非常有品位,我在他们的古物中发现了一些非常现代的元素。"

尼可莱塔指了指客厅里的伊朗艺术品,说:"在德黑兰有许多的年轻画家和摄影师。我经常去参观他们的工作室,总是能发现一些新事物。法拉·莫斯利(Farad Moshiri)的艺术作品是我的最爱之一。他画的坛子有三维立体的效果,还带有马赛克风格,这成了他的作品标志。"

"我们搬来上海才短短几个月。为了更加了解和发现这个城市的特质,我经常去参观艺术展览,逛一逛古玩市场。这栋别墅豪宅带有一个小花园,这是全家人的最爱。他们周末时在花园里沐浴阳光,或者跟朋友一起享受早中餐。这里非常的宁静,花园里的绿树和鲜花让这里更加舒适宜人,尤其是天气暖和了之后。"尼可莱塔说。

问问主人

问: 住在上海最好的事情是什么?

答: 发现另一种文化。当然这里的一切我都喜欢。

问: 请用三个词来描述你的家。

答: 温暖、色彩缤纷、友好。

上海市中心老式洋房的
自然之光泽

葛甘楠女士（Guergana Guermanoff）于1999年以新西兰驻华大使馆经贸官员的身份来到北京，这是她第一次来中国。那时的她还不知道这次旅程意味着她要和这个国家，和它的民族、文化开始一段长期关系。

葛甘楠最近接受了她在中国的第三个职位——新西兰驻上海的总领事。尽管到现在她只在上海居住了4个月，她说她已经觉得这里就是她的家了。葛甘楠现在居住的是一幢殖民地时期的花园洋房，建于20世纪20年代。不需要太多的改造，他们就搬了进来。"我有三个活泼的孩子，一个11岁大的女儿，还有两个8岁的双

胞胎儿子。在上海市中心有一片绿草地供孩子们玩耍，做户外活动，这是非常棒的。"葛甘楠说。"我们刚搬进来的时候，里面的木材多为暗色，我用许多活泼的颜色将它们美化了一下。我非常喜欢这座房子的布局走向，与外界自然毫不隔绝。当你坐在里面时，你依然可以感到与大自然的联系，这对我们新西兰人太重要了。"

这栋365平方米的四层别墅坐落于前法租界区的中心位置，葛甘楠将它改造为了一个宜居之所，在这里她可以尽情地展现她对艺术、装饰的热爱，以及她卓越不凡的品位。宽敞的空间里装饰着现代家具、老上海海报、

来自成名或新兴艺术家的艺术作品，以及她个人收藏的装饰艺术品。

"我的风格轻松、开放、崇尚极简主义。整个空间还有一种新潮的波西米亚风。"她说，"我喜欢将古典风格放入现代语境中进行诠释。房子里的古老元素与工业化的现代风格搭配在一起非常的和谐一致。"葛甘楠一直尝试营造一种随性自在、休闲时尚又不失实用的氛围。

"我们家有三个孩子，一只猫，还有一只领养的狗狗，家里的东西必须得是实用的。房间里充足的自然光线、外面的花园，还有陈列的新西兰艺术藏品，所有这些都代表着我们国家文化精神的精髓。我们经常宣称新西兰这个国家，有着开放的土地、开放的胸怀，以及开放的民族精神"，葛甘楠说道。

对于葛甘楠来说，家居装饰是为她的生活打造一个个人舞台。她喜欢被美丽的事物所环绕。"我收藏波普艺术已经有五年的时间了。我喜欢在街上或市场中搜罗一些波普艺术品。"她继续说道，她收藏的每一件物品对她来说都是一段珍贵美好的经历和回忆。

吴冠中的油画作品是她收藏的第一件真正意义上的艺术品，这是在她成为外交官后偶得而来的。墙上悬挂的其他艺术作品反映了新西兰丰富多彩的艺术传统。

室内摆放的一件 Takirirangi Smith 的雕刻作品，描述的是毛利人的"半神"——Maui-Tikitiki-a-Taranga。他是雕刻大师恩提卡杭谷努（Ngati Kahungunu）和纳提波罗乌（Ngati Porou）的传人，教授雕刻艺术已有 25 年的经验。在传统上，木头雕刻艺术在毛利人社会里有着举足轻重的作用。这些雕刻艺术品是用来向祖先致敬，同时是对历史、文化、风土人情的记录。葛甘

楠家里的艺术品还有詹姆斯·罗斯（James Ross）的抽象画，这位艺术家非常擅长使用不同的几何图形。

"虽然家庭生活忙忙碌碌，但我们一家人还是很享受在阳台上的时光，只要有机会全家人就在一起吃饭聊天，这是我们分享沟通的方式。"

问问主人

问: **住在上海最好的事情是什么?**
答: 这里的活力和多样性。

问: **请用三个词来描述你的家。**
答: 温馨、安全、好玩。

问: **你家窗外最好的风景是什么?**
答: 从我的卧室可以看到郁郁葱葱的绿树成荫, 老建筑洋房的屋顶, 一幅非常美且祥和的画面。

小餐馆主的别墅，
格调卓尔不群

吴容欢（Betty Ng），Ginger by the Park 的老板娘，以卓尔不群的品位格调在圈内闻名。Ginger 的老顾客们会经常回去餐馆坐一坐，感受一下店里的小资气氛、跳动的色彩、异域情调和极具现代感的设计。凭着其对艺术和设计不凡的品味和独到的见解，Ng 在上海营造了一个温馨、舒适的家，兼具阴柔和阳刚之气。"我喜欢女性化的小物件，但是同时我和两个男人住在一起——我丈夫和我未成年的儿子。在设计和装饰上，我要兼顾我们之间的不同。"

他们的四层别墅位于长宁区古北区，对他们来说，这是在上海最理想的居所。"它像一个空荡的大盒子。我把我们在东京住时收藏的家具和装饰物件全部带来。我希望它能像我第一眼见到它时那样，明亮、有充足的阳光，简约而简单。"

一楼是起居室和餐厅，家人可以在这里一起活动，或接待朋友。淡雅的色调和自然的光线为整个空间增添了一种清新、自然的气息。这位从事餐饮业多年的女

问问主人

问: 住在上海最好的事情是什么?

答: 我在城市里长大, 我喜欢生活和工作中的快节奏。任何事情都能得到解决, 非常迅速且便利。我还爱这里的快递服务和迅捷的线上支付。

问: 请用三个词来描述你的家。

答: 阳光、现代、复古。

问: 家里最喜欢的物品是什么?

答: 来自缅甸的古老橘色漆绘提盒。我用它来给主教们赠送食物或水果。

自由随性点亮居家生活

凯琳·波纳(Carine Bonnois)的别墅位于浦东新区,是真正意义上的家庭居所。屋内的家具、祖传之物、有趣的古董物件搭配在一起,给人一种舒服惬意的感觉,让走进这个家庭的每一个人感到随性自如、放松安逸。"在上海找房子时,我唯一的标准就是满足家人所需。我们从法国搬来了所有家具,因此我们需要一所大房子。地理位置也很重要,离孩子上学不超过半个小时的车程,离我丈夫办公室也不太远。"波纳说波纳与她的丈夫让·克里斯托夫(Jean Christophe),和三个孩子——安·夏洛特(Ann Charlotte)、奥斯卡(Oscar)、狄奥多拉(Theodora)住在一起。她说这栋房子很符合家人的需求,无可挑剔的干净整洁、巧妙的布局设计、宽敞明亮的空间让一家人在一起时没有拥挤的感觉,非常的自由舒适。"当我第一眼看到这座房子时，我就喜欢上了这里不同材质的混搭，地板和墙体内敛柔和的色调。我尤其喜欢餐厅和厨房之间的木墙。更让我兴奋的是主卧里有一间大大的更衣室，和一间小巧精致的浴室。"

当家具从法国到达上海后，波纳开始着手陈列个人的物件和艺术品，这个空间增添了更多的个人风格。"每一个物品，每一件艺术品从某种程度上来说都是有意义的。它们每一个都有自己的故事。"虽然经常有来客拜访波纳对于房间内偶尔的凌乱显得很随意对她来说，房子是用来住的，所以她从不刻意去引入某一种特定的风格。

"家里的每一个摆件、每一件家具、每一幅油画作品、甚至每一条毯子都是我和我丈夫一起买的，买了之后我们只需要给它找一个最佳位置摆放就行了。"波纳喜欢将物件摆在令人意想不到的地方。房子的每一角落里都摆放有来自不同文化、不同色调的装饰小物，极具巧思。

在家庭电视房里，稍显厚重的地毯和皮质沙发，与清新的白色抱枕、老式家具以及旅行时收获的心爱之物搭配在一起，形成了对比，却也营造了一种和谐、清爽的氛围。宽大的客厅，由于有很多窗户，是这个家庭中最"冷"的部分。波纳在这里摆放了三套沙发，围成环形，两把扶手椅，一张酒柜，两张咖啡桌，还有一些其他零零碎碎的小物件，让宽阔的空间顿时有了充实感。波纳很有属于自己的个人风格，她不想让自己的家有复制感。客厅的布置看起来雅致大气，超级实用。同时也是宴会宾客的好处所。整个空间的颜色杂而不乱，蓝、浅紫、灰红略带浅绿、黄色、金色、银色协调一致地搭配在一起，别具风韵。"由于整个背景墙和窗帘是白色的，我增加一些其他颜色让整个客厅看起来更加温馨舒适。"波纳说。

相比之下，餐厅的装饰风格就带有折中主义色彩了。"餐厅装饰起来比较容易。这里的空间只能容下我们的两张橱柜、一张餐桌和一架钢琴。为了烘托这里的气氛，我摆放了我收藏的玻璃器皿，还有我对英式传统的解读：我在钢琴上放置了我们的全家福，波纳安装了两面镜子让整个空间看起来更有深度，地板上一张大块的印度蓝色地毯为空间进行了局部的色彩点缀。屋顶的吊灯是我手工制作的。我使用了三个回收得来的灯罩和沙发上的一块人造毛制作而成。"

这座房子里大大小小的物件来自于世界各地，折中主义色彩浓厚。波纳酷爱购买家具、家装饰品和杂志。"首先，我得非常喜爱它，是那种必须带回家的喜爱。其次是它得符合我们随性惬意的生活理念。无论是沙发还是扶手椅，椅子必须舒服。"她说，"我丈夫负责艺术品的部分。我们度假时，每到一个地方，他都会带回来一幅油画，或其他的艺术作品。我们都喜爱我们本土的艺术。我们的油画作品绝大多数出自南法艺术家之手。我们还收集了相当多的非洲艺术品，比如雕塑、面具、盾牌、矮凳等等，每一件都充满我们美好的回忆。"

问问主人

问: 住在上海最好的事情是什么?
答: 活力。

问: 请用几个字来描述你的家。
答: 感觉非常不错。

问: 你家窗外最好的风景是什么?
答: 非常安静, 没有噪声, 四周环树。

问: 家里最喜欢的物品是什么?
答: 厨房的吊灯。

印度、墨西哥、摩洛哥、埃及和
中国文化大杂烩

对装饰艺术卓尔不群的品位追求和对家的实用性的需求这一对矛盾体，被这对印度夫妻完美解决。他们的家在浦东新区的一栋花园洋房里。他们将光线和空间利用最大化，也让他们相当多的艺术藏品得以展示。

莫妮卡 (Monica Bharadhwaj) 对家装的热情已经持续了14年。她跟随丈夫巴拉特 (Bharat) 从印度搬到埃及，再从埃及到墨西哥，现在又到中国居住。最初夫妻俩最在意孩子生活的便利，所以距离学校近是首要标准。另外一个标准就是采光、通风效果良好。"我喜欢绿宝园别墅，因为环境不错，建筑布局也很好。我个人很

看重房子每个区域的隐私性。"尽管她之前在墨西哥的家是按照印度风格装饰的，莫妮卡决定新家应尝试一种不同的风格。"我希望打造印度、埃及、墨西哥、中国四国相融合的风格。"她说。

空间里摆设有大量的艺术藏品，有前门摆放的印度台灯、入口墙上悬挂的墨西哥风格牌匾、墨西哥当代艺术品、埃及木雕，还有一篮子从印度、埃及、墨西哥和中国收集来的小纪念品，篮子中心站着一位小天使，她手捧一盏灯，保护着整个家。"印度，我的老家，给了我很多很多。在这个国家里，你可以看到颜色、颜色、更多的

颜色……因此我收藏了很多五颜六色的物件，为我的家带来了生命活力。埃及在很多方面很特别。它是一个伊斯兰教和法老文化所主导的国家。在工匠精神方面有很多我们值得学习的地方。"埃及的历史和埃及人的日常生活往往会用绘画的形式，或在莎草纸作画的形式记录下来。莫妮卡深深地被这种复杂的描述形式所吸引。

墨西哥是一个永远阳光明媚、活力四射的国家。她家里的很多装饰物件都反映着墨西哥文化——热爱狂欢节、热爱龙舌兰、热爱节日庆祝。

这栋花园别墅里，客厅最具现代风范。在客厅的一端，莫妮卡使用了白色沙发搭配黑色抱枕。为了保持色调一致，她还铺置了白棕图案的地毯，和白黑相间的艺术品。

在另一端，一个摩洛哥风格的沙发和墨西哥风格的双座沙发，两张法式座椅，搭配一张埃及木质餐桌。"为了营造丰富的视觉效果，我在客厅的这头儿装饰了埃及油画、摩洛哥箱子和牌匾，还装裱了古埃及的银饰珠宝。"她说。餐厅里的家具来自印度、墨西哥和中国，还有一个大大的埃及吊灯垂吊在餐桌上方，晚上灯光一打开，周围的一切都会黯然失色。

二楼的家庭房是完全埃及风格的。屋内有一张大块的红色基里姆地毯，两个大抱枕，还有两张书架。莫妮卡很难选出她最爱的物件，但却有让她离不开的。"其中一个是我的佛龛，每天早上我都会祈祷，我虽然不是虔诚的信徒，但是我却相信神灵的存在和保佑。另外一个就是伽内什像，我将它放在房子的前面。不管我的房子装饰有多现代，我都会在那个位置放一张伽内什像。"

尽管莫妮卡一家人在上海才短短居住了一年多时间，他们已经被中国的审美所深深影响。"门厅的墙上有一条铜质的龙，还有橱柜上龙的图案，足以可见中国历史中龙占有多么重要的位置。一些中式家具和其他家具可以完美地搭配在一起。蓝白青花瓷器展示了中国人的创意和想象力。楼梯上的中国古典乐器能演奏出中国古典舒缓优美的音乐。

大多数人会在装饰之前确定主色调，然而莫妮卡却不是这样。"如果一个物件它本身就很美丽，不管你把它放在哪里它都会很美丽。通常情况下，我会根据家具、装饰物、艺术品和油画作品本身的特点进行搭配装饰，而不是根据色调来搭配。"

她发现可以通过很多办法来装饰自己的家。"一个温馨舒适的家，必定会是一个幸福快乐的家。不同的颜色、令人愉悦的油画作品、细节繁复的地毯、漂亮的绿植和合适的灯光等等，这些都是一个温馨舒适的家基本要素。除此之外，还有两个非物质因素也很重要——家人和自然光线。

"你会根据你自己、你的想法、你的热情和你的喜好来进行家装，你所做的一切都是你真实的自己。因此，根据你认定的想法来进行装饰，而不是根据他人的意愿。"她补充道。对于莫妮卡来说，家就是心之所在，家亦是一片能够让人忘却所有不快的净土。"曾经有一次，在墨西哥时，我病了三个星期，不能出家门。然而，我并没有觉得不出家门有多无聊。"

问问主人

问: 住在上海最好的事情是什么?

答: 上海非常都市化,给了我很多认识不同国家朋友的机会。我很喜欢认识来自不同文化的人,因为你会学到很多东西。

问: 请用三个词来描述你的家。

答: 温馨、幸福、有趣。

问: 你家窗外最好的风景是什么?

答: 枫树。

问: 家里最喜欢的物品是什么?

答: 我的佛龛。

芬兰外交官的北欧风

当芬兰驻上海总领事龙玛丽女士（Marja Joenusva）于2012年搬进位于长乐路的花园别墅时，这座别墅处于最好的状态。业主对整个空间进行了彻底改造，仿佛是一块架好的空白画布，等待她画出最芬兰的色彩。

这座宽敞明亮的别墅有三层，里面空间主色调为中性色——白墙上偶尔点缀着一抹亮色，布置着各式简洁利落的芬兰家具。"我和我的副领事一起花了四个月的时间才找到了这处房子。"她说，"娱乐区应该足够宽敞，因为我们会经常举办一些正式或非正式的宴会。我国

外交部派来的室内建筑师曾经这样说过，这座别墅是市中心一颗最闪耀的钻石。于是我们将这里打造成了最北欧的风格。"

这里的地理位置非常理想，距离领事馆不远。总领事女士经常骑着自行车去上班，她很享受这种生活方式。龙玛丽女士感到很幸运能找到这样的房子。她最欣赏房子的空间布局、树木繁茂的花园，还有小区里当地人和外国人同住的和谐氛围。"芬兰以其极简主义设计风格而闻名。我们崇尚干净利落的线条，兼具实用性和现代风格。"她说。各式家具经过精心布置，风格迥

异的家居饰物与新奇之物大量混搭在一起, 和谐而不做作, 精致而不显过度设计。

内墙经过重新粉刷, 融入了更多鲜明跳跃的色彩, 尤其是一楼的客厅区, 显得更加明亮活泼。"我希望能够在上海营造一种芬兰的气氛, 这也是我的工作之一。我希望客人们来到这里可以体验地道的芬兰生活方式。"龙玛丽女士说, "你在这里看到的所有一切物件, 从蜡烛、花瓶到我们用的玻璃器皿, 全部都是从芬兰空运而来的。"

奠定主基调的物件有 Iiittala 的玻璃制品、著名芬兰设计师艾洛·阿尼奥 (Eero Aarnio) 的泡泡灯, 还有著名画家拉斐尔瓦德 (Rafael Varde) 的油画作品。

"芬兰设计有着非常悠久的历史。我们的设计风格往往是现代与古典的结合, 这样就可以流传给下一代而不过时。"龙玛丽女士说。

比如, 她曾经非常喜欢库卡波罗 (Yrjö Kukkapuro) 20世纪 70 年代设计的芬兰皮质座椅。为了得到它, 她开

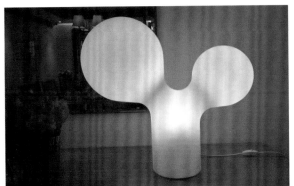

始攒钱，直到 1992 年，她终于梦想成真。她 90 后的小儿子曾明确表示想要这把椅子。这说明即便是年轻人也认为 40 年前的设计风格依旧时髦、前卫。

龙玛丽女士自从两年前来到上海后，就一直致力于推广芬兰设计。她主持的"2014 北欧设计创意周"活动于上个月在购物艺术中心成功举办。"芬兰、丹麦、挪威、瑞典这几个国家在生活方式和文化方面有许多的共通之处。在纺织业和时尚业，我们抱有同样的清新优雅的理念，我们非常荣幸能够将这些展现给上海的观众们。芬兰时尚以极简主义和实用主义风格为特色。芬兰人崇尚自然纤维，喜欢穿着色彩鲜明活泼的衣服。我们对芬兰和中国的合作之路抱有非常好的愿景。在中国有 300 家芬兰企业，绝大多数在上海。除了在经济方面的合作，我们在科技创新和教育方面也有合作关系。"

工作与家庭的完美平衡

瑞典驻沪总领事林莉女士（Viktoria Li）在上海的家完美地平衡了内敛含蓄与温馨感性的元素，兼顾了工作和家庭生活的需要。

两年半前，林莉女士搬进这座城市，那时她的目标很明确：一是平衡开支预算；二是符合瑞典外交部对家具装饰的要求。"这栋花园洋房有一个地下室，我们可以储藏许多杂物，也让我们可以不时地改变楼上的家具布置。白色的墙壁、木质地板和简单的设计给整个空间带来了斯堪的纳维亚风格。同时四层的空间布局能够让我们很好地将私人生活和工作区域分开。"

这栋花园别墅位于静谧的香山路，390平方米大的空间，林莉女士和她中国丈夫与两个孩子住在这里。一层有着绝佳的采光效果，从大大的落地窗望出去，满眼葱郁的绿色，让人感到非常的放松惬意。

林莉女士介绍说她和家人经常在一楼度过快乐的家庭时光，开放式的厨房和客厅是家人主要的活动区域。她最注重实用性。"瑞典的家居风格崇尚实用性和舒适度，喜欢使用简单而优质的材料。我们使用了大量的木头与其他现代材质，如金属或塑料等混搭在一起。"她说。简单的色调、精心布置的家具和家居饰品是房子里极简主义风格的核心，一切都是那么自然而和谐。

二楼是餐厅和休息区，林莉女士在这里举办正式午餐和晚宴。这里的所有装饰风格代表的是她的国家，并不是她的个人风格。空间里现代感的瑞典座椅、餐桌和橱柜搭配在一起，营造出的是一种家的温馨、亲密的氛围，而不是刻板呆滞的企业化的氛围。一层的空间带有更加明显的个人风格。这栋房子的装修设计虽然使用了简单的材料和中性色调，但还是为林莉女士和家人营造了一个舒适惬意的空间，可以让他们在紧张忙碌的工作后得以放松身心。"家的实用性是最重要的，可以让我们在需要改变的时候就能做出改变。如果我们庆祝圣诞节，我们就可以用红色进行布置装饰。当我们将这些红色装饰物品拿走，不会影响空间整体风格。"这位瑞典总领事如此解释她对实用性的理解。

别墅洋房里的优雅生活

希瑟·哈桑（Heather Hassan）和齐普·哈桑（Chip Hassan）夫妇，是 Chapin House 家具店的店主。他们用永不褪去的热情追求卓尔不凡的品位和优雅的生活。他们用这种热情投入到了新家的改造之中，将位于浦东新区的别墅洋房打造成了温馨宜居的家。

英伦范儿的家具、海草地毯、中国古董摆件、亚麻织物、现代艺术品在这个 260 平方米大的家里完美地融合在一起，将这里打造成古典元素与现代元素相结合、多层次的精致空间。哈桑夫妇经常用一种跳脱常规的方式使用一些装饰物件。比如，在浴室里，用一个老式点心盒来装擦手毛巾，或者在化妆间里用一个园艺架来放置日用品。蓝色、白色的花盆和园凳随处可见。"家里有许多颜色和材料搭配在一起使用。蓝色和白色这两种颜色是整个空间主色调，几乎在每个房间里都有这两种颜色。"女主人希瑟说。

对于夫妻俩来说，最理想的住所就是能离女儿的学校很近。"周边的环境很棒，只有 25 户人家，是一个非常隐私的空间。我们的房子相对于其他别墅来说面积比较小，但对我们来说却是非常完美的，因为我们发现了它的装修潜力。我们有一家家具店，我们可以将它打造得非常完美。"希瑟说。

他们最爱的就是一楼开放式的空间,没有走廊,没有太多的墙体将空间分割开。"因为厨房是开放式的,所以下班回家后,我可以边做饭,边和孩子们一起玩耍。"

他们将整个二楼用作主卧套房。在两个卧室之间有一个开放式空间,为了充分利用空间,他们将这里改造成了一个个性十足的更衣区,专门定制了一个大衣橱。房间中心的圆桌用来放置女主人希瑟的珠宝首饰。第二间卧室现在用作起居室,里面有全套的卫生设施。"我用主卧里的卫生间,因此我们有'他'和'她'两种卫生间。家里的女孩们非常喜欢这样的安排。"希瑟说。

为了打造更完美的居住空间,夫妻俩做了很多的工作。他们用个人审美升级改造了厨房和所有五个卫生间。厨房里,纯白色橱柜搭配上中国传统五金配饰,富有中式魅力,也是对中国文化的首肯。在化妆间,中国传统古典首饰柜、蓝白相间的洗手池搭配着拉夫劳伦出品的蓝白墙纸,设计的统一和谐感油然而生。"我们在一层铺置了深色仿旧硬木地板,改变了空间的整体风格——原本是平常家庭常用的奶白色调的大理石瓷砖,我个人觉得大理石瓷砖给人一种冷冰冰的感觉,而且在上海到处都是这样的瓷砖,会让人感觉有些无聊。新的木地板给了我许多设计灵感,尤其是在冬天时会感觉非常温暖。"

这对夫妻喜欢混搭和对比。比如，客厅里的现代咖啡桌，搭配着有130年历史的中式卧榻。西式的家居饰品和中式家具搭配在一起，呈现一种美丽的演绎。"我有很多中国古典家具。几乎每个房间都有陈设。我非常喜爱中式家具，无论与极简风格还是法国乡村风格都很百搭。你可以买很美丽很奢华的家具，但是奠定整个空间基调的还是装饰品，所以我有很多装饰品。对我来说，装饰我的家就是在装饰我的生活舞台。我喜欢被美丽的事物环绕。我的最爱永远都是中国青花瓷。我从不厌倦它们，而且房子里到处都能见到它们的身影。我们家具店里有成吨的青花瓷，有时我丈夫会开玩笑说我们可以开第二家店了，专卖青花瓷器。"

希瑟对家装设计抱有极大热情，非常喜欢与他人分享她的观点和理念。"客厅很小，我们要突出它的实用性。"她说。他们用一张美丽手绘候鸟图案的红色屏风挡上一面窗户，这样就有足够的空间放置大沙发。"我喜欢招待朋友，因此有足够的座位就成了一件富有技巧的事情了。小的中式条凳是最佳选择，因为它高度和宽度正好合适。另外，它是用木头做的，看上去不那么笨重。"条凳后面的黑色架子可以作为吧台使用，也将客厅和餐厅分隔开。

与其他房间比起来，主卧稍显窄小。但是他们觉得非常舒服。原本墙面的颜色是桃粉色，经过改造之后，使用了无纺布壁纸，使原本平凡无奇的卧室变得异域风情十足。卧室里摆放着一张四帷柱大床，床两侧的箱柜是17世纪的英国古董。台灯是希瑟用店里的花瓶制成的。一个中式窄长桌，搭配上英式长软椅，极尽奢华享受。"我觉得让这个房子舒适迷人的主要来源是床和枕头，还有豹纹的帷帘，为空间增添了戏剧色彩。"

三楼是姑娘们住的房间。5岁大布雷克（Breck）的房间要公主范儿，同时搞怪的风格。房间里的亮点装饰是白色小书架地幔。有一个隐秘的小门，举办茶会用的小桌子在房间的中心位置，她经常用它举办茶会。刺绣提灯图样的帷帘，搭配上中式诙谐元素和色彩，对于一个小女孩来说是最合适不过了。

16岁佩顿（Payton）的卧室色调精致高雅，可以看出她从小受古典家具风格的熏陶。"她喜欢有趣酷酷的颜色，更准确地说，她想要白色、蓝色和紫红色。她的房间像是一个迷你小公寓，里面有办公区和一间大浴室。"希瑟介绍说。

哈桑一家人经常在一楼客厅共度家人时光。"我丈夫喜欢坐在餐桌旁用笔记本工作，孩子们在客厅或厨房里玩耍。这很棒，因为我们在一起。电影之夜是我们家的大事，我们一家人会挤在沙发里，一起度过美好的夜晚。"希瑟说。

问问主人

问: 住在上海最好的事情是什么?

答: 最好的事情就是可以交到来自世界各地的朋友。每天在店里工作,我们有机会认识很多很优秀的人,我们觉得能帮助他们挑选家具,是件很荣幸的事。当我帮助人们作设计决定时,我不觉得我在工作,却是在做一件很有趣的事儿。

问: 请用三个词来描述你的家。

答: 宝库、波西米亚风、多层次感。

问: 你家窗外最好的风景是什么?

答: 客厅外有一个小花园,望出去可以看到蓝白相间的花架,有一种很幸福的感觉。

问: 家里最喜欢的物品是什么?

答: 我的床,如同天堂一般。

全球旅行为家装设计
带来创意

这座充满阳光的花园式别墅位于闵行区的西郊庄园，主人从全球各地搜罗来的小摆设为这座别墅营造了一种温馨的家居氛围。这栋三层别墅里面的装饰，个性化的形状、材质和颜色与当地文化混搭在一起，非常的国际化，又具有东西文化碰撞的火花。

罗内科·斯托姆（Lonneke Storm）来自荷兰，她之所以选择这栋别墅作为居家之所，是因为附近有一所国际学校。而最重要的是这里有完备的户外运动设施。"房子的状态保持得不错。我们只做了几处小小的改动。墙体和厨房都刷成了白色，这样更具有我们的特色。白色在我家是基础色调，其中再用亮丽的颜色作为点缀。"斯托姆说，"虽然我们是荷兰人，但是我们的孩子却在中国出生。我们尝试着创造一种中西文化融合的氛围。"她说。

内部的装饰风格反映了夫妻两个曾在全世界驻足居住的国家——荷兰、德国、日本和中国。家里每一处的家具和家居饰品都是他们在过去的十年里逐渐收藏而来的。"我最爱的就是这里宽敞、明亮的空间，给人有一种自由自在的感觉。我们全家人可以在花园里放松一下，做一做户外运动。当我们全家人在一起时，我们能感到家的温馨舒适感。这就是属于我们的小世界。"

斯托姆说房子的核心是厨房餐厅区，在这里荷兰文化和中国文化得以完美结合。3米长的柚木餐桌，上方悬挂着荷兰品牌 Moooi 家的白纸吊灯。"在这里我们开始和结束一天的生活。在夏季，当所有的门全部打开，就可以直接通往我们美丽的花园。"斯托姆说。

在客厅里，斯托姆为家具饰品和帷幔选择了自然质朴的色调，因为这些颜色会让人安静沉寂，在时尚潮流中属于永恒的元素。房间里陈列的艺术品有来自于已故的艺术家赫尔曼·布鲁德（Herman Brood）和安东·赫布尔（Anton Heyboer）的作品。

在过去的几十年里，夫妻两有着在不同国家居住的经历。那个时候，斯托姆就开始了在居住小区附近拍照摄影，尝试着去抓住当地的风土人情和生活的点点滴滴，这样他们就可以保存这些美好记忆并与他人分享。"人们经常见我

在城市周围，或者在我家附近拍摄一些富有感染力的人物或物体的照片。之后我将拍摄的这些形象以拼贴画的形式向人们展示上海的风土人情。这样的做法得到了强烈的反响，人们对这样的表达方式还是非常认可的。"

基于此，斯托姆开始考虑如何将这种想法继续延伸。最终，她的想法在家里的系列条凳上得以实现。抱着这样的想法，她加入了 Waste2wear 团队。Waste2wear 组织的核心目标是利用回收的塑料瓶子来制造生产环保亲肤的针织材料和衣物。Waste2wear 作为唯一一家环保材料制造商，也是斯托姆设计唯一指定的印制厂商。举一个例子，一张 1 米长的条凳只需使用 25 个塑料瓶就可以制作完成。"我设计的所有条凳都展现了我对中国独特的印象和体会。这些设计也在不断地发生变化。"

问问主人

问: 住在上海最好的事情是什么?
答: 文化的多样性和城市散发的正能量。

问: 请用三个词来描述你的家。
答: 放松、明亮、方便。

问: 你家窗外最好的风景是什么?
答: 漂亮的花园里长着漂亮的树。

当斯堪的纳维亚遇上上海

丹麦时尚设计师佩妮莱·莱许利·哈莉(Pernille Leschly Halle)将她所崇尚的设计哲学理念完美地运用到了她在上海的家。她的房子随处都透露着主人不凡的个人品位和审美能力。佩妮莱·莱许利·哈莉是时尚女装品牌 Style Butler 的创意总监及设计师。她出身于时尚设计师家庭。2004 年,她决定为自己的创意发声,成立了自己的时尚女装品牌,用自己的时尚理念,致力于为女性提供优雅高端奢侈的时尚单品。

她和丈夫及两个孩子住在青浦区一栋 500 平方米的别墅里。里面的内装风格与她的时尚品牌的风格保持完全一致。"我注重细节,尤其是独具风格的元素,会将

古董物件,仿古贴花等与相仿的现代艺术品混搭在一起,让它们重焕新生。"哈莉说。

他们在上海已经居住了 6 年,前两年半的时间一直居住在新天地和徐家汇地区。"我们找到现在的房子时,当时正在建设当中"。哈莉说,"内部是由新加坡的 SCDA 建筑公司设计的,结合了亚洲热带风格与利落的极简主义建筑设计。由于是新建的别墅,我们可以完全按照自己的意愿来设计内装。"她继续说道。当时他们正在找一栋家人可以住着舒适,孩子可以茁壮成长的房子。"一个花园、宽敞的空间、邻近学校,这是我们的标准。"她补充道。

夫妻俩得从头规划设计一切，包括墙体、地暖、通风设施等等。"我是一名时尚设计师，打造完美的家对我来说是个巨大的挑战。"他们将厨房和客厅之间的墙拆除，打造了一个开放式的空间。在丹麦，哈莉解释说，家人总是会在厨房区域团聚，因此他们将厨房和客厅打通，连接在一起。

当布局改造完毕后，夫妻俩就开始着手装饰工作。"我希望客厅的风格怡人优雅，旧世界装饰艺术风与现代流线形的气质混搭在一起，呈现出当代主义风格。"哈莉说。他们在色调的选择上下了很大功夫，最终选择白色作为主基调，糅合一些自然质朴的颜色，比如宽木板木质地板。一些房间，比如卧室会有一些其他的

色调，超级柔和的灰色中带有一点紫色。整体的家居风格还来自于家具的折中主义。哈莉喜欢极具格调的家具，甚至带有一些缺陷，可以增加个性，营造一种独特的温馨的家居环境。

多亏了夫妻俩的努力，现在他们一家人非常享受这种客厅厨房开放式的生活。开放式的展示架增添了清新的家的感觉，尽管有两个小孩子，家里依然保持整洁有序。哈莉承认说，有可能是远离家乡丹麦的原因，她才将这里打造成了斯堪的纳维亚风格。同时，家也应该是宁静祥和的，兼具实用性。"上海是个喧闹的城市，对我们来说，在这个城市里，有一处能关上门安享家居生活的住所非常重要。"

问问主人

问: 住在上海最好的事情是什么?

答: 城市发展的速度非常惊人。上海无疑已经发展成了国际化大都市。

问: 请用三个词来描述你的家。

答: 温馨、开放、实用。

问: 你家窗外最好的风景是什么?

答: 我的玫瑰花。它们终于像我想象的一样变高变美了。

问: 家里最喜欢的物品是什么?

答: 我布置的家庭墙。我们有全家人和朋友的照片。我们会经常看这些照片,
然后将我们的思念寄回远在丹麦的亲人们。

汲取东西方新老建筑精髓的
上海之家

拉法埃拉·伽罗（Raffaella Gallo）是一位狂热的艺术爱好者，她经常邀请其他艺术家来她上海的家中做客，并与来自不同文化背景的客人对话进行对话。"因为我丈夫的工作需要，我随他来到了上海。来上海之前我们曾在大连住过一段时间。我从家乡带到大连的不仅仅是我全部的家当，更有我在中国发展的事业：艺术咖啡。"伽罗说道。

每个月，她那充满艺术气息的起居室为受邀而来的嘉宾提供演讲舞台，向坐在下面来自不同国家的热爱艺术的群众带来精彩的演讲。来自意大利的伽罗还经常组织有意大利和英语语言基础的宾客去参观博物馆、画廊和的艺术家工作室。

为了方便一家人在上海的生活，伽罗选择了位于哈密路上的这座房子。她解释说道："这里离学校不远，方便孩子上学，而且还有室内和室外不同的娱乐设施供孩子们玩耍。当我还是个青少年时，我就立志想成为一名艺术品买手。当然要想能够展示这些艺术品还需要一面足够大的墙。举办"艺术咖啡"聚会时，伽罗都会选择在宽敞的客厅中展示她的艺术收藏品。"这所房子符合我们满足了我们的一切标准和要求。从家到学校只需五分钟的车程，我们可以容易地把整个三楼改造成一个游戏室。孩子们可以在三楼的绿草坪上玩耍，而我们可以在那面的小型起居室中接待客人。"最令伽罗满意的就是这里充足的阳光。"当我第一次看到这座房子时，这里一切都井然有序，而且之前住在这里的房子主人有很好的眼光和欣赏能力。当时我们将前主人所有遗留下来的东西，比如窗户上的木制百叶窗和所有的吊灯都要丢掉了。我们把墙翻刷成白色，并用白色的窗帘和简单的高照设备装饰，使这里变得更加明亮和清洁。随后，我们将我们的家具和艺术品搬到家中，完成了房子的翻新工作。"她解释说。

房子的色调偏中性，白色、灰色、米色等颜色居多，这样的色调对于生活的影响较小，能够营造出轻松的居住环境。"我们喜欢我们的房子，它很温暖也很舒适。我们在过去的十五年里搬了七次家，我们一直希望他人能够通过我们所居住过的房子中能够了解我们是什么样的人，能够感受到我们的热情，能够与我们一起浏览我们曾经到过的地方。"伽罗说道，"我们很快就将所有的事情都安排妥当了。我们每一次都会这样做，就好像这里将会成为我们永久的家一样。我们把普通的家具、在古董商店和市场买到的旧家具，还有从小商贩那里购买到的小型艺术品都混合在一起来排列摆放。"

客厅是一座房子的中心。他们将大部分的艺术品和装饰品摆放在客厅中向来宾展示他们的收藏。伽罗说道："我精心布置每一件艺术品的位置,将它们像小型展览中展览一样陈列好。但是伽罗并不认为自己是一名收藏家。她解释道:"我只是一个艺术爱好者,喜欢购买的艺术品没有一个特定的类别。我们家中的作品反映了我个人的品位和体验。通过这些作品,你可以更好地了解我的喜好。"

收藏品中有一些出自国际大家之手,如意大利画家克

劳迪·迪亚特(Claudio Diatto)、谭齐·米切洛蒂(Tanchi Michelotti)、摄影师苏赛特·波滋(Susetta Bozzi)、雕塑家克里斯汀·科斯达(Christian Costa)、德国拼贴画家克里斯廷·海恩斯坦(Christine Hohenstein)、荷兰摄影师埃尔文·欧拉夫(Erwin Olaf)和克罗地亚、维多维奇(Crotaian Vidovic)。"八年前,我们从意大利搬到北京,当时我们购买了第一幅出自中国艺术家之手的画—— 张大力画像。我们很珍惜这幅画卷。同时,我们也购买了王树刚、陈妮娜、谭平、刘仁、胡维一等人的作品。"

伽罗认为,餐厅应该是一个拉近人距离的地方。"这就只我们采用了一个非常简单的桌子组合与设计师椅子的原因。我们还用柬埔寨丝绸挂毯和印尼老门为这里增添了一份异域风情。"伽罗还认为,卧室是用来放松的地方。主卧室的所有家具的设计都很简单,以白色偏多。"我们有一张照片是很早以前我丈夫在哈瓦那拍摄的。虽然现在这张照片已经泛绿了,但是我们仍然将它挂出来,无论我们走到哪里,都会随身携带。我们总是把它挂在我们的卧室里。"伽罗说道。

三楼是孩子们的天地。这里的一切都是相当方便和安全的。这里堆放着玩具和图书,孩子们可以随时阅读或玩耍。"孩子们可以通过墙上大量而丰富多彩的图片了解到我们曾经去过的地方以及我们家乡的住所。我们在墙上挂了两个钟:一个显示的是上海时间,而另一个将会提示我们祖父母和表兄弟所在地的时间。"

问问主人

问: 住在上海的最好的事情是什么?
答: 参观艺术展览、博物馆和画廊。

问: 用三个词来描述你的家。
答: 热情、欢迎、有组织。

问: 你家窗外最好的风景是什么?
答: 绿草和树木。

问: 家里最喜欢的物品是什么?
答: 这里的三幅框在相框中的城市照片对我和我的丈夫有很重大的意义:博尔扎诺、巴黎和纽约。

别墅重抹的一抹红色

想要猜到热爱红色的弗洛伦斯·吉洛（Pierre Guillot）家中的装饰主题并不困难。吉洛选择了一些感觉丰富、色调诱人温暖的艺术品来装饰自己的家，让她的家人和客人们看到并忍不住想要伸出手来触摸并感受这些作品。

她250平方米的别墅充满生机，华丽而又舒适。她在意想不到的地方，用红色和黑色等颜色加以点缀，使其具有很强的视觉冲击效果。

吉洛将亚洲风格和摩洛哥风格完美地融合在一起，从休闲沙发到靠垫，无处不彰显其交错复杂而又美丽诱惑的特点。吉洛说道："虽然我很欣赏'禅'的理念和氛围，但是我最终还是选择了一个色彩大胆、丰富而奇特的配饰和质感组合。"

这两层楼的房子的折中主题散发出一种生动的魅力。这种魅力是在过去的四年之中有机地积累与演变而来的，并不是主人一时兴起或是故意营造出来的。主人独特的审美使家中充满轻松的氛围，渲染了异国情调和平衡的色彩。

吉洛和她的丈夫飞利浦塞（PhilippeCé）四年前与他们的第一个女儿Margaux（马尔格）一起搬到上海的这

所房子里。他们的第二个女儿罗昂妮（Leonie）在这里出生。吉洛说："在找到这座房子之前，我们已经看了近100所房子和公寓。当看到这所房子的时候，我们立即看到了这里在空间上和布局上潜力。"这座别墅光线充足，并且有一块开放式的空间。这块开放的空间与他们的生活方式相呼应，他们可以在这里根据自己的需要变化布局，打破传统束缚。吉洛身为巴黎时装设计师，可以利用职业优势作为造型师和编辑来进行室内设计。她布置房间的内部，收集她喜欢的东西，装饰她充满家具、编织纺织品、地毯、物品和艺术品的生活画廊。

"我有时会专注于设计而忘记关注物体的实用性。比如说，我可能会买一张非常时髦的椅子，但是那椅子坐起来并不舒服，"她笑着补充说，她的丈夫有时也会讨厌这张椅子。

然而，这个房子的魅力在于它独特的风格。吉洛想要打造的不是一个干净、简约、实用的家，而是一个一种波希米亚的生活方式。吉洛勇于使用色彩和图案，使每个房间都呈现出不同的心情。

整座房子最具有特色的部分便非一楼的开放式的生活区莫属了。这里几乎没有什么家具，所以吉洛可以更好地自由发挥，更好地去设计内部布局和厨房。摆放在大门对面的中式红色圆形展示柜里陈列着不下50个传统的木制的日本娃娃（kokeshi），所以客人一进门就可以看到这些精致的娃娃。这种别具一格、俏皮可爱的的主题贯穿了整个房子，每一个可用的角落和缝隙都被妙趣横生的艺术品所装饰。

以红色为主题的一楼休息区设有沙发、开放的美式厨房、工作区和游乐区。将沙发的设置在这里远比将其放置在客厅的中央休息区要来得更加舒缓和放松。没有墙壁的分割与阻碍，不同的休息区可以有机地连接在一起，打破空间的束缚。"我不并想在家中设置那些明确的分隔线或坚实的墙壁。"吉洛说道，"我的房子就像马拉喀什的一个露天市场（souk），里面的颜色丰

富，品种繁多。"沙发与带有不同颜色和图案的垫子使这里气氛温馨，成为家庭聚会的不二选择。这里还设置了一个迷你酒吧，夫妇很喜欢在这里与朋友和客人们分享他们收藏的葡萄酒。

时尚的开放式厨房采用了明亮的红色和的黄色撞色元素，吉洛一家经常会在这里进行不同的活动。"我们一家人在这里度过相当长的时间。我们不仅在这里做饭和吃饭，而且还会坐在这里讨论、阅读邮件、做作业等等。这是我们家最具有战略意义的地方，"吉洛说道，"我们可以从厨房看到在一楼所发生的所有事情。"

受摩洛哥、日本和中国等地不同风格的启发，吉洛想在家中营造出一种混合的气氛。所有的房间都是精心设计的，各具有不同的丰富的主题。

孩子们也很有创意，他们希望自己的房间颜色可以鲜明大胆。"除了主卧室外，所有的房间都充满了色彩。主卧颜色基本以橡木色、胡桃木色和米色为主，尽可能体现"禅"的思想与理念。在上海，你可以在很多地方买到具有不同风格的家具。如果你现在找不到你想要的东西，不要灰心，你总能找到它的。"吉洛说道。对于她来说，布置家的过程实际上无外乎就是将一个东西移动到别的地方，将饰品放置在在地板、椅子或桌子上的过程。吉洛通过对现有物品的加工和装饰，把它们变成一些特殊的东西。她认为装饰必不可少的是书籍、织物和小件物品。"房子装饰不是一成不变的，我根据会我的新发现和我的心情经常更换，但红色主题永远是我的最爱。"

旧宅变为新宅

玛丽安丽塔·罗素波利（Marianita Ruspoli）之前的公寓在永福路上。现在，她在高邮路上购置了一套新的别墅，并充分发挥自己具有创造出和谐与平衡、舒适和实用性强的温馨室内空间的能力，装饰着自己的新家。她与丈夫卢卡·皮里（Luca Pirri）和儿子尼克罗（Niccolo）一起住在这座三层楼的别墅里。经罗素波利的设计，每个房间都呈现出一种自然的亲切感，绝不会杂乱无章或让人产生压抑的感觉。

他们之前艺术气息浓厚的那套房子以深色为基调，深颜色的墙皮上还带有条纹图案。但是他们的新房子的基调发生了翻天覆地的变化，以浅色为主，白色偏多，且房屋通风良好。除了白色，她喜欢的其他两个颜色，灰色和黑色，也为罗素波利的设计奠定了完美的背景基础。

"在2008年尼克罗出生之前，我便开始寻找一所面积更大的房子。我的要求是明确的：房子面积适中，带有三间卧室，居住和用餐环境良好，要是能有一个可以满足宝宝需求的花园就更好了。我希望可以在喜欢的街道和区域中挑选我们的房子。"罗素波利说道，"我们最后选择了这个占地150平方米的房子。这里有一个小花园，虽然花园的状态不是十分理想，但是具有足够的翻新潜力。我向房东展示了我们之前的房子的照片，房东看了之后同意我们随意装饰这里。"

罗素波利想要重新对房子进行大修整，她希望一楼可以变得更加开阔敞亮，然后再把顶楼打造成一个带阳台的、光线充足的空间。

"我的设计非常符合我的家庭和我个人的收藏的需求。最后房子的效果要比我开始想象的要好得多。"罗素波利自幼受母亲的影响。具有室内设计天赋，她之后在罗马的学习经历使她的对艺术史有了更加深刻的了解。从每一件定制家具到每个房间内的照明设备，家里所有的一切都是由罗素波利亲手设计把关的。罗素波利只把几件她最喜欢的物品搬到了这个房子里，比如一个意大利的黑色瓷瓶和两个木制的中国箱子。她喜欢为在全新的空间中尝试不同的装饰理念。

一楼的开放式空间的面积虽然不大，但仍然可以分为两个不同的区域：起居室和餐厅。罗素波利对起居区的装饰没有什么特别的癖好，不过她最大限度地保证了

房间的轻松风格。同时，她也仔细测量了房间以及定制的沙发和桌子的大小和尺寸。

起居室的两侧都设有两扇大窗户，使外面的阳光可以透过窗户投射到室内中。对于房间来说，能够拥有充足的阳光是难能可贵的。为避免太阳光线的遮挡，罗素波利没有采用烦琐的窗帘。实际上，未经任何装饰的窗户比有窗帘装饰的窗户更加别具一格。"晚上房间的气氛和白天有很大的不同，她说道："我在房间各处都设置摆放了不同的台灯和和蜡烛，能够照亮房间各个的角落，以获得不同的效果，我们的房间不仅仅是只有一个中心光源。"罗素波利喜欢通过在沙发和地板上分别增添靠垫和小地毯来增加感性的风情。她选择自然、能调动感官的、带有巴厘岛浓烈的色彩和图案相同的藤垫在宽敞的房间中达到这一目的。

她在巴厘岛购买的两幅古董中国画为简单的房间增添了一丝温暖和艺术气息。"巴厘岛之旅为我在室内装饰提供了许多灵感，因此我很重视光线、自然和开放的感觉。有机元素是其中的关键，整所房子的基调也是中性和朴实的。"罗素波利说。不同于她之前的房子将中国特色与欧式风情结合在一起的风格，这座房子更具有自然的民族魅力。

穿过餐厅便可以来到花园。花园中的竹子等绿叶植物为别墅带来一种自然清新的感觉。由合成柳条制成的户外沙发和椅子更为花园带了异域的热带风情。

主卧室以白色和灰色为基调。"我会一直坚持我喜欢的颜色。"罗素波利说道。柔和白和灰色的中调颜色突出了卧室安静的氛围。亚麻面板从地板延伸到天花板，突出了房间的高度和舒适度。

顶层的日光室时尚、简单，由白色亚麻沙发、藤椅、黑白照片和特殊强调的照明组成。落地的法式门通往露天阳台。罗素波利把这里打造成了一个时尚的家庭阅读、交谈和娱乐活动空间。这个空间同时可以为来上海做客的家人和客人提供住宿。

里弄洋房

艺术、设计成就五口之家的避风港

这座田园风光的四层别墅，建于 1928 年，安静地坐落于老上海的里弄里，远离城市的喧嚣与繁华。当伊凡娜·塞迪奇（Ivana Sedic）第一眼看到这座建筑时，没有留下太好的印象。"这只是一座空间较大的房子，外表斑驳不堪，像是从建造以后就没有进行过整修似的。我和我丈夫进入里面时，由于几名租户将房间锁上了，我们无法看到整个房子的布局。然而，伊凡娜的丈夫，菲利普（Filip）很快发现了它的潜力。渐渐地，伊凡娜也开始爱上了这座老房子，爱上了它的老楼梯、木地板、阳台的花饰、还有花园里百岁玉兰树散发的清香。

最重要的还是它的地理位置，在前法租界区的中心，是他们所向往的居所，空间大小也符合他们的要求。对他们来说，改造修整这座 450 平方米的别墅可是一个庞大艰巨的任务。"我们没有保留太多房子原有的细节，因为我们希望为我们五口之家营造一个温馨、安全、舒适的环境。"塞迪奇说。比如，原本这座大房子有一个圆形的大楼梯，塞迪奇的孩子年纪还小，她觉得这样的楼梯对孩子们来说是个安全隐患。他们采取的是实用至上的原则，又兼顾到三个孩子——有与朋友相聚的空间，同时又可以享受一家人在一起安静舒服的时光。

作为设计师的塞迪奇忍不住在设计时贴上了自己的风格标签。"我在 Pinterest 网站了查了很多资料。在收集了很多素材和想法后，我越来越清楚地知道自己的设计想法。"她的首要原则就是保证整个空间的整洁有序，因此她在设计方案中首先设计了三个储藏室。她采用几种不同的色调，打造出一种中性、经典的风格。自然简约的色彩，典雅的复古家具与现代摩登家具混搭，一种清新、惬意的美感扑面而来。一些家具是定制的，一些是从古玩市场淘回来的，还有一些，据塞迪奇说，是从淘宝上买回来的。"我喜欢将不同风格的家具搭配在一起，喜欢摆放一些抓人眼球的物件。"

一层是起居室和餐厅，大大的玻璃窗，可以让阳光倾泻进来。为了让每个房间都能有充足的阳光，塞迪奇没有使用厚重的窗帘。蓝色天鹅绒的套椅，为客厅的中心，为整个空间增添了典雅高贵的气质，使自然、中性的餐厅低调中透着奢华。顶层是整个房子的亮点。阳光房里设有一个极可意浴缸、一间桑拿房，还有郁郁葱葱的绿植，让家人有足够的空间来放松休闲。

塞迪奇花了一年的时间来改造这所房子，她很享受这个过程，尤其是当有足够的空间可以展示她的艺术收藏品时，她感到无比地满足。塞迪奇来自克罗地亚，收藏了很多本土文化的艺术品。她最喜爱的克罗地亚艺术家是先锋派画家和形象艺术家——米罗斯拉夫（Miroslav Sutej）。"我热爱那些能够让人充满想象力的色彩。几年前，我开始收藏克罗地亚艺术品，并不仅仅是因为我是克罗地亚艺术的粉丝，更是因为每年夏

天我回国时，有充足的时间在国内搜罗有收藏价值的艺术品。"

塞迪奇也很欣赏杨福东的摄影作品，希望有一天她的藏品中能看到杨福东的身影。"收藏价值不菲的艺术品我有一条原则，在我作决定之前，我得思考很长时间。如果超过一个月，我依然有想要得到它的欲望，那么我就会买下来。"

问问主人

问：住在上海最好的事情是什么？

答：感觉安全、自由。

问：请用三个词来描述你的家。

答：明亮、宽敞、生机勃勃。

问：你家窗外最好的风景是什么？

答：古老而又美丽的上海。

问：家里最喜欢的物品是什么？

答：主卧里的拼布沙发。

破旧老公寓的华丽变身

一间破旧的公寓，在前法租界区，年久失修，在设计师主人王心宴（Cathy Wang）的巧思妙手下，焕发新颜，变得温馨舒适，又处处散发着浪漫气息和主人不俗的品位。

作为一名家装设计师，Wang 一直被上海的里弄房所吸引着，想要将这里的旧屋改造为像是伦敦、纽约城市里的高端、奢华的公寓。"当我在上海找房子时，我在前法租界区的永嘉路上找到了这间公寓。这有非常良好的居住氛围。"

她买下了整栋楼的第一楼层空间，那个时候的公寓可跟现在不一样。"设计方案非常重要。为了获得更多的延展空间和垂直空间，我决定将空间往地下延伸。"她说，"我将浴室放在比卧室要低的空间里，当我站在更衣室里时，会有一种错觉，觉得这里像是一个复式的二层空间。"

经过翻新的房子现在看起来像是一个玩偶小屋，尤其是安装了双层的法国镜门，这种感觉更加强烈。Wang 说一层的楼层平面图是按照度假酒店花园套房来设计的，与建筑原本的设计理念完全不同。完全开放式的空间，但又能保证私密性，兼顾多功能实用性。"内部设计既浪漫又具有实用性。风格古朴自然，带有一些南法普罗旺斯的复古情调，再搭配一些经典元素"Wang 说。老木地板、柔和的吊灯、富有科技感的现代厨房和浴室、宽大的四柱天棚床，与空间里的娱乐墙系统、书架、温暖的壁炉相呼应。整体的设计风格阴柔、优雅、高贵。

"为了和我的设计理念保持一致，我专门邀请了一位非常有天赋的艺术家帮忙设计了整套原创艺术藏品。"Wang 说。这位艺术家就是 Michael Lechner von Leheneck，笔名为"龙吟西"，为了迎合 Wang 的设计理念，创造了属于 Wang 的个性化艺术作品。他在为私人定制艺术作品方面天赋异禀。更重要的是，每一幅作品都是为公寓专门创作的，并且是整体设计中的非常重要的部分。据 Wang 介绍，这里的 16 幅作品总价值在 700 万元。"这些创作赋予了整个空间以灵魂和性格。甚至在浴室的浴缸上都悬挂有他的原创作品，同样在厨房、每个房间里都有。只有艺术有这种魔力，能为一个空旷的或者是精心设计的空间带来绝妙的感官和情感享受。"

在色调上，Wang 选择的是奶油色、米黄色、褐色和黑色，与深色木地板和厨房、浴室、花园里的马赛克地板形成鲜明的对比。冬季花园，在大不列颠人们通常称之为暖房，是 Wang 最喜爱的地方。"这里以前是一个小小的屋前花园，每一户里弄房的前门都有一个这样的小花园。我使用了黑框的玻璃屋顶，它现在看起来像是一个玻璃房。在这个玻璃房里，你可以看到天空，旁边公园里的大古树。这个花园里种满了绿植，空气很新鲜，充满了氧气，非常安静，适合冥想，或手捧一杯茶，读一本书的休闲时光。"

Wang 成功地将一间典型的老上海里弄房改造为时尚、现代的空间。她的设计斩获了数个国际大奖：2015 年

亚太室内设计大赛的"最佳创意设计"奖以及 Grands Prix Du Design 的大奖。她的公寓已经被多家杂志或电视作为特辑进行报道。

问问主人

问: 住在上海最好的事情是什么？

答: 上海是中国最国际化的大都市。最爱这里的古老与现代、东方与西方的交融汇合。

问: 请用三个词来描述你的家。

答: 优雅、精致又不失舒适。

问: 你家窗外最好的风景是什么？

答: 旁边公园里的大古树。

问: 家里最喜欢的物品是什么？

答: 冬季花园里的油画作品"落叶"。

用色彩讲故事的里弄
老洋房

巴斯玛特·勒文（Basmat Levin）住的这座三层里弄老洋房，最大的魅力在于，这位艺术家用五彩的颜色给我们在墙上，在角落里讲述了一个又一个精彩的故事。这位艺术家用跳动、艳丽、温暖的颜色和无穷的想象力展现了她独特的审美，不俗的个人品位。

在搬入这座典型的上海老洋房之前，她和家人住在前法租界区，风格完全不同，略带现代化的公寓里。"我很向往住在老上海里弄公寓里的浪漫情调，但是我却很担心这些公寓里简陋的供暖系统。最终我决定一试。"她说。

四年前，在搜寻了近三个月后，她终于在五原路和乌鲁木齐路交叉叉口的角落里找到一间理想的公寓。"房东做了很好的翻修工作，安装了双层玻璃窗和地暖采暖系统。这里宽敞、明亮，里面没有任何家具，空空如也，我们有绝对的自由按照自己的风格进行装修。"她继续说道，"另外，这里的地理位置非常的冲要，我们去哪儿都很方便，去吃饭也好，去娱乐也好，总之让我们的社交活动变得非常的方便。"

从一楼的起居室和餐厅区穿过大大的落地窗就可以来到露天平台。巴斯玛特在这里想为全家营造一种舒服、

轻松惬意的氛围，而不是创造一种特定的风格。她觉得能让家人和客人们感受到家的温暖和气息是最重要的事情。巴斯玛特希望家里摆放的都是自己钟爱之物。"如果家里摆放的物件是我们所中意的，我们已经习惯使用它们，习惯了它们在我们的周围，那么家里的氛围一定是温馨、暖意融融的。"她解释道。她对房子做的第一个改动就是用"她的颜色"粉刷墙壁。"我的用色风格在我的油画中也有所体现，用色大胆奔放，充满幸福、愉悦。整个空间由从绿黄色到紫红色的混色调组成。

家具方面，巴斯玛特使用了全新的家具，将 Arnold 品牌家具和丹麦品牌 Hay 混搭在一起，展现了她卓尔不群的格调。她定制了一张 16 人台的大餐桌，精致的布置，让人生出一种亲密感。美食、美酒、欢歌笑语让这里的夜晚变得生动。屋内家具简单利落的线条，对比搭配着主人色彩感十足、充满玩味的艺术作品，给整个空间增添一种清新、淡雅。

巴斯玛特出身于艺术世家，提到她的艺术作品她说："我的作品来源于我内心，对色彩，对能量最原始最本能的冲动和直觉。"她的作品一直处于轮换之中，每更换一幅新的作品，会给家里带来另外一种截然不同的氛围和情调。餐厅里悬挂的一幅唐朝皇后的自画像是她最得意的作品，也是为整个空间奠定了主基调。

房子的二楼是主卧和家庭房。在这里，一家人可以一起度过"电影之夜"；在这里，他们的儿子可以练习演奏乐器。孩子们的卧室位于阁楼式的三楼，里面有一扇大大的可以打开的天窗。

整个家居设计非常别致，极具个人情调，每一个细节设计都兼具实用性和品位，通过不同材料、材质、色彩的混搭，营造出了一种自在、轻松的氛围。

问问主人

问：住在上海最好的事情是什么？
答：活力和每日的惊喜。

问：请用三个词来描述你的家。
答：幸福、温馨、舒适。

问：你家窗外最好的风景是什么？
答：我的小花园。我喜欢绿色生命。

问：家里最喜欢的物品是什么？
答：没有在我的家里。但离我家只有 1 分钟，这是我住在这里最美好的事情，就是我们离牛油果阿姨只有 1 分钟的距离。

多元素合为一体

这座四层的老式上海里弄房内部装饰风格简约舒适放松，虽多种风格元素混搭在一起，却不显杂乱。它的主人唐锐涛（Tom Doctorof），亚太地区 J. Walter Thompson 集团的 CEO，与城里绝大多数外国人一样，被前法租界区漂亮的老式里弄建筑和这里的历史深深地吸引。他最终在瑞金路定居了下来，成了这里少有的外国人之一。"我想要一种现代的设计风格，杂糅着些许的中国风，注重对细节的处理。"唐锐涛说。七年前，他偶遇了年轻的法国设计师小贝（Baptiste Bohu），很巧的是，工作机会出现了。"由于其中的一位设计师生病了，我接下了整个的设计项目，非常重要的设计项目。"小贝说。

唐锐涛非常清楚他想要的风格。这是他在城里拥有的第一座房子，他当然想体验一下 20 世纪 20 年代老上海风。"他还想要开放性的设计布局，因此我们首

先拆除一些墙体，打造出一间完全开放式厨房。"小贝说。厨房是一层空间的亮点，它承担的是入口和客厅之间的缓冲功能。"它（厨房）有很多功能：可以作为餐厅，因为这是你唯一可以用餐的地方；朋友聚会区，因为有酒吧间；还可以作为书房，因为 Doctoroff 经常在吧台工作。"小贝说。最让人印象深刻的就是开放式空间布局设计和挑高的屋顶。

法式铁门可以通往小院子。阳光照射进来，为空间增添了一种贵族气质。房顶上的木梁、墙上裸露的砖、木质地板透露着主人的个人气质格调。设计感十足的台灯，多种颜色混搭的抱枕和艺术品搭配在一起，散发着温馨舒适浪漫的气息。小贝营造了一种东西合璧的氛围，并将其与主人随性的生活方式进行搭配。三楼是主卧空间。小贝打造了传统氛围，采用了传统家具而非创意家具，采用了舒缓柔和的色调而非艳丽鲜明的

色彩。卧室里装饰有大量的毯子、羽绒被和枕头。定制的中国传统木门作为床头，为空间带来了东方魅力。

在这里居住了几年后，唐锐涛决定对它进行二次改造，打造一种全新的风格。"我们对整个建筑结构进行再次升级，选择了耐潮性能更好的材料。"设计师打造了复古风的浴室，装饰有他个人标志的黑白几何图案。"我很高兴能对它进行再次改造，这个过程可以检验我这些年的成长和所学，因此我对它倾注了大量的感情。"除了浴室之外，小贝为整个房子打造了一种简约干净的风格：客厅卧室的全新灯光设计，全新的窗帘和百叶窗，全新的装饰品、入口、门和全新的家具布局。

唐锐涛多年来收藏的复古的家具单品、艺术品和其他物件让整个家鲜活起来。"大部分家具是我多年在亚洲地区居住旅行时收藏而来的。家具风格带有折中主义，但小贝是一个天才设计师，他巧妙地将这些风格各异的元素混搭起来，和谐、统一。"

为了让空间格调更显独特别致，小贝搜罗了一些古董物件。"我通常在设计时会对每一个房间的总体风格有非常清晰的思路。不会用一种风格打造整体空间。"小贝说，"相反，我喜欢新老风格搭配，东西风格融合，私人物件和设计师必需品混搭。"

问问主人

问: 住在上海最好的事情是什么?

答: 我喜欢上海城市的魅力和活力, 最爱的还是这里步行的方便性。人们可以边走边欣赏美景。

问: 请用三个词来描述你的家。

答: 温馨、时尚、真实。

问: 你家窗外最好的风景是什么?

答: 我的窗外没有特别好的景观。我的里弄房在错综复杂的里弄里显得很真实。我很喜欢从房顶天台上欣赏别人家的屋顶。

问: 家里最喜欢的物品是什么?

答: 最爱的是我母亲送给我的水晶长颈鹿, 之后是我从巴厘岛带回来的印度尼西亚咖啡桌, 其次是设计师小贝为卧室挑选的吊灯。

里弄房里的波西米亚狂想曲

洪英妮（Robyn Hung）和叶登民（Danny Yeh）的家是一幢老式里弄房，隐藏在愚园路郁郁葱葱的树木中，混合了古典的浪漫气息和摩登现代的舒适体验。很多人都会觉得找房子既费时间又累人，而这对来自台湾的夫妻却很享受这个过程。他们给房屋经纪人提出了一些要求，还亲自上门察看了几处房子。"那段时间非常有趣，我们有很多机会可以参观不同格局、不同风格的老里弄住宅和公寓。有时我们会兴奋的发现不同的人会如何将老式住宅改造为符合现代生活需要的住宅。"洪英妮说。

他们的标准很简单：干净的社区，紧邻公园，还有一个非常抽象的要求就是，当身处其中时，能感到发自内心的幸福感和温馨感。这幢三层的里弄房符合他们所有的要求。隐藏在愚园路的郁郁葱葱中，这座老建筑的风格非常"上海"。"还有一件事值得一提，就是当我们第一次来这儿时，我们就感受到了它带给我们的能量和活力。我们踱步其中时，我和我的丈夫都感到非常舒服。"她说道。

建筑的外墙上爬满了常春藤，这是这对夫妻的最爱。常春藤自然地掩映了水泥墙，让整个建筑看起来绿意盎然，更加的温馨惬意。"我们将外墙加高了近一米，因为我们喜欢常春藤爬满墙面的感觉，会让人感到仿佛置身花园之中。"

他们拆掉了几堵内墙。比如,他们拆掉了厨房的墙,打通了空间,可以让空气更加自由地流通,也让更多的自然光线可以进入。夹层的墙也被拆掉了。"我们称它为小红屋。在这里我们可以读书、品茶。有时当客人走上楼梯来到这个温暖的小空间时,会给他们一个惊喜。"

这间小红屋充满了夫妻俩美好的回忆,有他们最爱的图书,还有从世界各地收藏而来的艺术品和装饰品。"这间小红屋的用途很多:我们可以阅读、喝茶、品酒,甚至在这里包装礼物。把抱枕拿走,沙发会变成一张单人床。"

整个房子的内部装饰杂糅着来自不同文化的风格和色彩。"就像以我的名字命名的品牌 Robyn,它们蕴含着同样的现代波西米亚态度和精神。我们想营造一种自然、随性的氛围。我们希望客人来的时候能在这个空间里找到他们自己的舒适自由的空间。他们在这里不会感到拘束,可以自如地放松自己。"洪说,在聚会时,客人们会很随意地在房子里走来走去,找到舒服的角落坐下来聊天。

这对夫妻是经验丰富的旅行者,家里摆放的各种物件和藏品都是他们在旅途中搜罗来的,来自各个不同的文化和国家。"我们喜欢有历史、有故事、有回忆的物品。将这些来自不同文化的家具和风格各异的物件陈列在一起,很有一种流浪式的生活的味道。我们很巧妙地将它们混搭在一起,整体的风格就是波西米亚风中带有英伦殖民地的风范。

一层摩洛哥主题的客厅,很明显地体现了流浪式的生活格调。非洲肌理的家具和版画,搭配上摩洛哥风格的家具和地毯,整个客厅风格古朴自然。对于主人来说,旅行和领悟不同文化、不同的习俗会为他们的家居装饰提供源源不断的灵感。

为了极尽这种轻松随性的波西米亚风格,他们专门请了做家装设计的朋友来帮忙。"我们非常感谢他们给予的帮助。当我们坐在一起就如何进行设计头脑风暴时,他们会把我们碎片化的想法汇总起来,梳理成可执

行的方案。我们喜欢将不同风格的物品混搭，往往能制造一些惊喜。只要家具是复古范儿的，带有手工制作的痕迹，我们就会欲罢不能。我们运营着自己的时尚品牌，我们对季节的变化非常敏感。我们会随着四季的更迭变换一些小件的艺术装饰品，来营造一种不同的氛围。"

洪最喜爱的艺术品当属朋友从西藏带回的一幅水墨画，挂在了客厅的墙上。在众多的艺术收藏品中，还摆放有家人的照片，更增添了家的温暖和归属感。

问问主人

问: 住在上海最好的事情是什么？

答: 城市的活力，你能感到这个城市一直在向前发展，不同国家的人们也慢慢在融合。

问: 请用三个词来描述你的家。

答: 忙碌、折中、异域情调。

问: 你家窗外最好的风景是什么？

答: 一幢有 70 年历史的老里弄房，原始质朴的外表，充满着沧桑感，在常春藤的掩映下依然如故。当下雨时，会让人感到非常的平静。

问: 家里最喜欢的物品是什么？

答: 我的床。

老上海里弄房里的
折中主义

土耳其设计师贝格姆（Begum Kiroglu）在上海的家，老上海风情中糅合着异域文化色彩，洋溢着设计师独有的格调和个性。

她搬进这栋老里弄公寓是缘于两年前她在湖南路和武康路的闲逛时看到了这间公寓。尤其是看到里面充足的光线时，她知道，这就是她想要的。

"我相信一见钟情的魔力。但是如果要想让我第一眼就爱上的话，那么房子本身得具有独特的个性和格调。"贝格姆一眼就爱上了这座老上海里弄房。她爱上了小花园里的翠竹，爱上了裸露的青瓦砖、浴室墙和厨房台面的老上海图案的瓷砖，还有地板、墙面、玻璃门呈现出的不同色调。

尽管她同时在伊斯坦布尔和上海两个城市居住，她有一种强烈的预感这栋里弄房会是她的安居之所。过去的两年里，她的生活也发生了一些变化。她创立了个人品牌 Begum Khan，专注于设计手工制作袖口链扣。她受到古老国度悠久的历史和精湛的工艺的启发，用伊斯坦布尔和上海的现代风格进行诠释设计。

她也尝试在新家的装饰设计中融入自己的风格。在她进行品牌产品设计时，家里所有的一切成为了她灵感

的来源。公寓的第一项改造工作就是玩转光线。"我在顶楼安装了调光灯泡，同时增加了一些老上海风情的地板灯和蜡烛。我爱我的公寓，更爱它的夜晚。"她说。

这里既是创意空间又是一个充满创意的家。她说，这里不仅仅是为了居住。"我们的家，优雅中带有温馨感。对它本身来说，裸露的砖墙、陈旧色调的玻璃门和老上海瓷砖都营造出了这种氛围。为了更加突出这种氛围，我安装了不同色调的光源，摆放了中国古典老家具、从伊斯坦布尔大集市买来的纺织品，还有许多我从旅行中淘来的装饰品。"

如此家装风格无疑是带有折中主义色彩的。不同文化、不同风格的物件混搭在一起：沙发上的乌锦枕套、墙上悬挂的中亚古 Suzani 的纺织品、奥斯曼图案的纺织品、上海装饰艺术风格的手扶椅、巨大的佛陀头像、还有贝格姆着迷的中国青花瓷花瓶。"我非常喜欢餐桌尾部的桌旗，是由土耳其设计师塞尔达古尔巩（Serdar Gulgun）设计的，给古典奥斯曼风格中增添了一些现代感。上海装饰艺术风格的椅子透露着老上海风情，与这座城市、这栋房子原本的风格相得益彰。沙发上面的中式屏风带来了中国魅力。藏族椅子上的鹦鹉和老虎图案带有一种异域色彩，透过浴室里整排的法式窗户可以看到弄堂里的古树，使这里增加了一丝禅意。"她说。

她的个人风格就是混搭范儿——超大的物件搭配精致小巧的物件，阳刚之气对比阴柔之美。这些装饰物件都来自于当地市场，她在伊斯坦布尔时在著名的大集市购买艺术品，在中国时就会去逛当地的古玩市场。她说，家居风格不能一成不变。典雅含蓄的色调、古董老家具和时尚感的灯光，多亏了这些元素的衬托，这间 90 平方米一居室的公寓才能如此有个性情调，带有一种家的归属感。

问问主人

问: **对你来说住在上海最好的事情是什么?**

答: 不同国家的人,不同的思想理念,丰厚的历史让上海非常迷人。毕竟,我在这里进行 Begum Khan 品牌袖口链扣设计。

问: **请用三个字来描述你的家。**

答: 最幸福。

问: **在你家窗外最好的风景是什么?**

答: 坐在沙发上,向右看,可以看到小花园的竹子和橡树;向左看,可以看到百年古树掩映下的老上海建筑。

问: **家里最喜欢的物品是什么?**

答: 当看到佛陀头像和观音头像搭配在一起时,我会情不自禁地微笑。它们看起来就像我一样,幸福、静谧。

老里弄房里的"流浪"
折中主义者

上海，前法租界区，一条里弄里的四层老洋房，这是芭芭拉·倪格丽（Barbara Niggli）和家人住的地方。"住在市中心是必需的。住在弄堂里会让我觉得融入了本地人的生活，一切都变得真实了——真实的人和真实的事就发生在身边。"芭芭拉说，"房子应该布局合理，光线自然。我们现在住的这幢房子正好符合要求。"

大大的窗户可以让阳光无阻碍地洒入室内。芭芭拉最喜欢的还是房子简洁的装修，留出空间让它可以默默地讲述自己的历史。这栋洋房建于1946年，几十年的时光，它见证了岁月的变迁，人事的更迭。"我们从中得到了能量。我们会是上海新历史篇章中的过客。"这幢房子的一楼是会客厅和宴会厅，楼上有三间宽敞的

卧室，还有一间卧室被改造成了办公室，一间电视房和一个露台。"家是我们生活的地方。我们在改造这里的时候保持了我们家一贯的风格和精神。"芭芭拉出生于荷兰，在瑞士的日内瓦长大。她和丈夫西奥多先后在多个城市生活过：日内瓦、华沙、布鲁塞尔、圣保罗、纽约、伦敦，现在居住在上海。"能有机会在这么多国家居住，我觉得特别荣幸。这不仅增加了我们的阅历，更重要的是密切了我们家人之间的关系。"芭芭拉说。同时，家里所有摆设的物件都充满着一家人美好的回忆，他们曾经住过的国家、他们曾经去过的旅行。

他们在不同国家生活的经历对芭芭拉的装修风格产生了一定的影响。"我们采用的是折中主义风格。我在搭

配不同的风格时没有遵循某种特定的规则，也没有按照书本来。我尝试不同的组合。如果我觉得有的家具和其他物品搭配起来不协调，我会将它换掉。对我来说，家就是灵魂的体现。"她说，"喜欢整洁有序的人家里必定是井井有条的。而我们，可能会更加随意一些。"

有着在七个国家生活的经历，夫妻两个收获的不仅有美好的回忆和宝贵的经历，当然还有来自各国的家具。"有一些客人会觉得我们的风格带有些许的折中主义，事实上我们也是如此。绝大多数的收藏品带有很浓重

的感情价值。我尤其喜欢巴西部落族人带的羽毛头饰。"客厅里的羽毛饰品是整个空间的亮点，也为其增添了些许的异域风情。带有戏剧色彩的椅子（从欧洲拍卖会上带回的）烘托出了整个客厅高贵典雅的气质，而颇具民族风的桌布则带来了异国情调的优雅。

"我的家具有的是从店铺中淘来的，有的是在拍卖会上竞拍回来的。我喜欢将法国古典家具和民族现代的艺术品、家具相融合。我们在买家具时往往都是随兴而起的。我们同时还收藏了许多来自不同国家，不同

风格的艺术品。我们一家人在旅行时，会带回属于我们的专属回忆，但也有时会空手而归，因为我们不喜欢带有目的地去购买。"

关于房子的色调，就是没有色调。随着它们的搬动，家具也会随着从一个房间换到另一个房间。"每一次搬动，我们家都会换一个风格和感受。"楼上是家人私密的空间。芭芭拉喜欢将卧室装饰得简洁优雅。为了营造惬意放松的氛围，她用了老家具而不是新家具；色调上也采用了舒缓的颜色，而不是明亮律动的颜色。在主卧里，一张奢华的大床占据了空间的中心，四周简单的装饰更加突出了它的中心位置。

"我们从来没有在一个地方定居下来，我们一直在租房子住。我们像是流浪的人。只要房子有自己的特色且留有空间，我们会增加属于我们的个性和风格，营造一种家的氛围和家的归属感。"芭芭拉说，我们很享受在上海的生活。只有在这个城市生活过的人才能品味到这个城市独有的味道。每周在家里我会有三次汉语课，其他的两个上午时间会用来学习。几个月前我就已经开始学习汉字了，并且我非常喜欢。"

问问主人

问: 住在上海最好的事情是什么?

答: 只有在这个城市生活过的人才能体会到这个城市独有的味道。

问: 请用三个词来描述你的家。

答: 灵魂、温暖、活力。

问: 你家窗外最好的风景是什么?

答: 里弄林荫路和它的喧嚣。

问: 家里最喜欢的物品是什么?

答: 巴西部落的羽毛头饰。

弄堂里安家，温馨充满活力

如果有一些地方有灵魂的话，那么马塞尔（Marcel）和曼·扎·范·米尔洛 (Manja van Mierlo) 在上海的家绝对算其中一个。

这对荷兰夫妇和两个女儿于 2011 年来到上海。幸运的是，在他们没有找到合适的房子之前，他们可以住在上海巴黎春天新世界酒店里，因为马塞尔担任这家国际连锁酒店的总经理。"关于居住地点我们有两个选择，可以选择住在郊区或市中心。最终我们让孩子根据自己的喜好做出选择，商议之后她们决定住在市中心的位置，只是离她们的学校距离有点远。"曼·扎·范米

尔洛继续说道，他们很幸运地找到了一栋状态不错的里弄房，离他上班的地方也不远。"我们的标准是宽敞、真实、有良好的取暖系统。我们在来上海之前，朋友就告诉我们上海的冬天很冷。当然离我的酒店近也是一个标准，这样我就可以骑车去上班。"他说。

他们的女儿一个 16 岁，一个 18 岁，需要属于自己的独立卧室。那么空间的大小就很重要了，公寓绝对不是最好的选择。这栋里弄房有足够宽敞的空间，甚至客人来了也不显拥挤。在他们搬进来后，家里有多了一个新成员——他们收养的一只狗狗。外面封闭式的花园就成

了它的活动场所。"我们喜欢与当地人住在一起。我们住的里弄里居住了差不多100户家庭,除我们之外,只有一个是外国家庭。每天在这个里弄里都发生大大小小各种各样的事情。"范米尔洛说。

他们房子的前面有一个墙圈起来的小花园。他们有时会在这里烧烤,也喜欢和邻居一起练习普通话。这里的每一座房子几乎都住着几户租户。

整个房子在他们搬进来不久前进行了重新整修。"我们很喜欢它,改造得非常完美,几乎没有一处是我们不喜欢的。"范米尔洛说。客厅的马赛克地板、走廊里的仿古瓷砖地板是他们的最爱。

房主打造三间精致的浴室,对细节的重视也让人叹为观止。门上的细节主题不论是客卧的门还是衣柜门都

保持一致;木地板铺设得非常漂亮;壁灯和天花板上的灯在越南设计生产,而走廊和楼上的灯则是从印度购置而来。小到窗户的铜把手,大到铸铁浴缸,每一处细节都那么完美。"我们最爱的当属楼上的公寓,高高的木梁房顶,美丽大方,彰显个性。房子的每一处都经过精心设计,我猜想上一个房客一定是家装设计师。"范米尔洛说,"春天到秋天,一年中有三个季节我们被绿树环绕,给我们提供了阴凉,也带来了隐秘性,这在忙碌的上海是一件非常奢侈的事情。"

这对夫妻唯一改变的就是孩子房间墙壁的颜色,因为她们不想要全白的墙壁。当谈论到家居风格时,范米尔洛说他们没有想要一种特定的风格,舒适放松惬意的氛围即可。他们是四口之家,时不时地会有客人来拜访,因此一种家的归属感和随性自在感是非常重要的。

他们挑选了许多颜色质朴自然的家居饰品和帷幔，他们认为这些米色和土黄色的颜色让人镇静舒缓，不会被时尚潮流所淘汰。

每当家里有客人留宿时，会将他们安置在楼顶的公寓里，有独立的客厅、独立卫生间、屋顶露天平台，错层卧室里有两张双人床。"我们的客人在这里感到自由舒服，有绝对隐私的空间，不受我们家庭生活的打扰。到目前为止，这种状况还是不错的。楼顶的空间就是一间楼内公寓，除了没有厨房外，绝对能满足其他需求。"

冬天时他们一家人会在一楼客餐厅度过大部分时光，然而在春天和秋天时，他们几乎"住"在楼上的"密室"

里，或楼顶露台上，因为他们喜欢户外活动。楼顶露台面朝南，在春秋两季，可以有足够的光照，他们会在这里度过大部分的白天和夜晚。

在家具的选择上，他们在五原路找到了一家店铺，他们可以买到任何他们需要的家具——餐桌、矮凳、与沙发配套的灯桌，还有一张古木桌。"作为一名酒店经理，我很荣幸能够参与一些酒店升级改造项目，也很幸运能淘到一些很难买到的家具。我在香港时，负责协调了一间豪华总统套房的升级改造项目，那时我淘到了美国品牌 Herendon 的家具设计单品。我们从 1996 年就开始使用这件家具，将它从香港带到荷兰，再到吉隆坡，又回到香港，现在又带到了上海。"范米尔洛说。

" *Use your smile to change the world; don't let the world change your smile.* "

问问主人

问: 住在上海最好的事情是什么?

答: 我们喜欢东西合璧的生活方式,一方面我们可以非常中国,一方面我们也可以非常西式。

问: 请用三个词来描述你的家。

答: 舒服、宽敞、真实。

问: 你家窗外最好的风景是什么?

答: 我们屋外的里弄巷,这里的人们一周七天,每天二十四小时,忙忙碌碌,一刻都不停歇。

问: 家里最喜欢的物品是什么?

答: 我们在越南、缅甸、柬埔寨和老挝旅行时收藏的古钟。

里弄里的经典与现代

皮埃尔卡罗·帕诺索（Piercarlo Panozzo）在上海的公寓展现了中国经典老家具与现代艺术的高度融合。来自意大利城市博洛文亚，这位意中混血华侨选择了地处市中心里弄里的一间老公寓，一住就是很多年。"我想很多欧洲人选择住在前法租界区，是因为那里能缓解他们思乡的情绪，身在异乡有一些伤感，但是作为一名侨民这也是很正常的情感。"帕诺索说，"我并没有选择住在有着标准蓝图、标准装修的摩天大楼里。反而住在里弄里，让我感觉很特殊，很'上海'"。他说理想的家应该是：安静、邻居以及走进去第一眼的直觉。

他花了两天的时间决定要不要租这间公寓。"这里地理位置很优越，处于淮海中路和陕西南路的交叉口，而且交通便利，几分钟就可以去到购物和吃饭的地方，甚至离地铁或医院也只有几分钟的路程。"

这间公寓，跟其他老里弄公寓一样，被分隔成了几个正方形的房间，有大的落地窗和高的屋顶。"我在意的是装修的小细节，比如，木地板、漂亮的门和有创意的门把手。整齐干净的公共空间同样也很重要，这在上海的里弄公寓里是很少见的。"

整间公寓是两层复式结构，一楼有一个小房间，只有从公共区域才能进入这个房间。帕诺索建了一个室内楼梯，可以从一楼餐厅走廊里直接上到二楼。由于公寓面积较小，他将客厅和厨房打通。一个高大的书架，用来陈列收藏品和书籍，在书架正前方有两个大大的豆袋坐垫，放置在一小块波斯地毯上。"这两个大豆袋坐垫是我最喜欢待的地方。你可以直接从后面的书架上抽一本书来看，也可以看电视，甚至可以打个盹。"他说。地毯的一旁放置着一张中国老式的四腿方桌，配有几

把 Kartell 透明薄膜椅。这张方桌靠近窗户，能采到很好的自然光线。后面有一个高大的陈列架，上面摆放着玻璃器具和厨具。这样的空间设计和布局既能满足日常生活需求，也给下班后的社交和娱乐活动留有一定的空间。

这位带有中国血统的意大利企业家深爱着中国和他的家族。他的许多中国传统家具来自于他祖母在浙江青田的老房子里，比如，经典的手工雕刻木椅、木质的麻将桌。"我选了一款深色的木头作为整个空间基础材料，创造出了一种温馨、舒服的感觉。在我空闲的时间，我会去上海和苏州的古玩市场去逛一逛，走一走。"

各种艺术和创意的杂糅可以让家变得有活力。这间公寓里有一面连接一层小卧室和二楼生活空间的墙，上面贴满了各式各样的海报。这些海报印在宣纸上，呈

现出一种独特的艺术效果。"宣纸被贴到墙上时会产生一种奇妙的感觉和效果。所有的海报大小不一，随意无序地粘贴在墙上，产生了'墙纸'般的艺术效果。"

与很多老上海人的家一样，如果想去厕所也必须得经过公共空间。他把那扇门封死，这样通过厨房走廊就可以直接进入公寓里。安装加湿器也是非常有必要的，因为家中的空气因通风系统而十分干燥。

提到内装风格，帕诺索说："没有用花哨的东西。我最大限度地保留了屋子原有的布局和细节：墙底很高的踢脚线、老的木门把手、精致的窗框。这所房子已经有100多年的历史了，我对它就像对待一位百岁老人一样。"

从 Kartell、Artemide 处淘来了颇具现代感、轻盈的家具，与原有的古老厚重的元素进行对比混搭。"我把一些现代家具单品和我中国祖母小时候用的老木质家具搭配在了一起。对于我来说，家不一定非要有某一种特定的风格。我想创造的不是需要得到消费者认可的商业范儿的空间，而是能让自己感觉舒适自在的家，每一个物件都是我的回忆和人生的经历"。晴好的天气里，阳光会全天在公寓里流淌。大大的法式窗户和阳光映射着最真实的上海弄堂里的生活。

家里的陈列品中，有一些出自画廊，但是绝大多数是来自朋友的艺术作品或摄影作品。"我喜欢收藏与我相熟的人创作的艺术作品，而非一些我只知其名而不识其人的作品。艺术是情绪和感情的一种表达。当我熟

识并了解作品的创作者时，我才能更好地体会艺术品所表达的感情。以前我痴迷于收集油画作品，现在我更喜欢收藏黑白摄影作品。我认为家装的风格应随着时间而发展，而非静止。家居装饰品和艺术品应该像你橱柜里的衣服一样，随着季节更迭，不断退出流行，然后再回归。

帕诺索的家里最大的亮点一直以来都是他的猫先生托尼（Tony），"它已经变成了家具的一部分。有时候它会卧在餐桌上，阳关透过窗户洒进来，就像是它变成了装饰的一部分。"

问问主人

问：住在上海最好的事情是什么？

答：在世界上发展最迅速的国家，体验最现代的大都市生活，这就像是直接参与了现代历史的进程一样。

问：请用三个词来描述你的家。

答：放松、友好、随性。

问：你家窗外最好的风景是什么？

答：邻居家窗外的笼中小鸟。

问：家里最喜欢的物品是什么？

答：我最爱的就是床边的台灯。这是一位做现代陶瓷家居用品的朋友赠送给我的。台灯呈圆筒形状，奶白色，表面有些粗糙，但当灯光一打开，能制造出最棒的氛围。

70 平方米小居室里的
静谧设计生活

老上海弄堂里的老房子，外表已经斑驳，与之形成鲜明对比的是，伊丽莎白·瓜尔蒂耶里（Elizabeth Gualtieri）租住的 70 平方米大的公寓，里面装饰随性洒脱、毫不矫揉造作，独具主人的特色和格调。

古树掩映的愚园路，静谧祥和，当瓜尔蒂耶里第一次走进这间 20 世纪 20 年代的公寓时，她就深深地被这里所打动。"最让我印象深刻的是开放式的布局和挑高的房顶。我是澳大利亚人，我们喜欢宽敞的空间。"

她刚到上海时，在听到了很多相左的意见和建议后，她

最终选择了新建高层里的一间一居室公寓，里面是典型的宜家装饰风格，毫无个人特色和风格。

随着一年的租约到期，瓜尔蒂耶里对这个城市也愈加了解。她越来越倾向于找一间有高挑的房顶和宽大窗户的特色公寓，并且没有电梯。这一年我几乎把所有时间都花在等电梯和坐电梯里了。"她说，"虽然这里只有 70 平方米，算是一个小户型公寓，但是它的设计很巧妙，看上去要比实际大得多。这里有一个大大的嵌入式书架和很多嵌入式的卧室衣柜，这些在上海公寓里不常见，

但却是我最欣赏的。"精致的法式门也为空间增加了很多的趣味和灵活性,可以和生活区隔离开,在寒冷的冬天里保证了室内的温度。

幸运的是,上一任租户做了改造工作,她不需要做出任何的改变。白色墙面、木质地板为她增添个人风格提供了很好的背景。"我当然很想将它打造为我的安乐窝。当你在外奔波劳累一天后,回到家里可以好好休息调整。虽然这里的整体风格有一些阴柔之美,但是最重要的是,我可以在忙碌了一天后,把自己'扔'进去,任性肆意地放松我自己。"

厨房和客厅是开放式布局,采光效果良好。客厅区的核心装饰是她从柬埔寨旅行时淘回来的一块地毯。"当朋友来做客时,我们在上面扔上几个抱枕,就坐下。"她说,"房主留下了一个传统中式卧榻,和两张老上海躺椅,原本是用来奠定整个公寓基调的。我已经渐渐在此基础上增加了许多其他家具。"

公寓里新增的灯具可以在夜晚时制造一点点浪漫的气氛。色彩多样的抱枕则带来了温馨之感。她明白色调的选择是她个性的反映。为了与整体全白的墙面形成对比,她选择了带有一点张扬色彩的装饰物。她发现有时在天气沉闷，阴暗时，颜色可以起到调节或提升的作用。"偶尔当我觉得我需要一点改变时，我会调换一下抱枕枕套或灯罩，这里就会呈现出一种全新的风格，这很有趣。"

瓜尔蒂耶里一直从事酒店品牌推广工作，见证了无数的奢华床理念的展示。"可以说在如何让客人在晚上安眠这一方面，我已经成了专家。"在家里卧室的设计中，她也采用了同样的酒店理念，包括床垫的铺设、羽绒被、最优质的床单和枕头、灯光调节器和遮光窗帘。卧室里，白色的嵌入式现代中国风橱柜，可以让人在夜晚安静地入眠。在卧室和浴室中间的浴室法式门可以打开或折叠，也可以让自然光线流入其中。深浴缸和淋浴也让这狭小的空间看起来宽敞了许多。

瓜尔蒂耶里希望将这里打造成精致、古典、兼具时髦现代之感的空间。她一直在发现这个城市里越来越多的优秀独立设计师，也愈加了解这些设计背后有趣的故事和有趣的人。"这里的地理位置给我提供了很多便利。"她说，"距离街道不远，SeeSaw 咖啡有全上海最好的咖啡。早上拿着我的咖啡，去地铁站只有五分钟的距离，就算是在出租车不好打的时候也会非常方便。"

这里最让她愈加不舍的是这里的友谊。"这里非常像是静安区里的一个小村庄。我的邻居'收养'了我，我爱称他们为'中国的爸爸和妈妈'。我'妈妈'每周末早上都会给我带来早餐，并且节日的时候我们会一起享用大餐。"

问问主人

问: **住在上海最好的事情是什么?**

答: 这个城市的企业家精神激发创造力和合作, 一种
完美的动态组合。越来越多的国际活动和节日让
这个城市越来越成熟。

问: **请用三个词来描述你的家。**

答: 开放、宁静、舒适。

问: **你家窗外最好的风景是什么?**

答: 早上拉开窗帘时, 没有什么能比对面楼上年长的邻
居向我挥手更高兴的事儿了。我们都习惯早起。

问: **家里最喜欢的物品是什么?**

答: 我收藏的书。每年在外滩举办的上海图书节, 我都
会买很多书。书架上很多书都有作者的亲笔签名。

摩登住宅

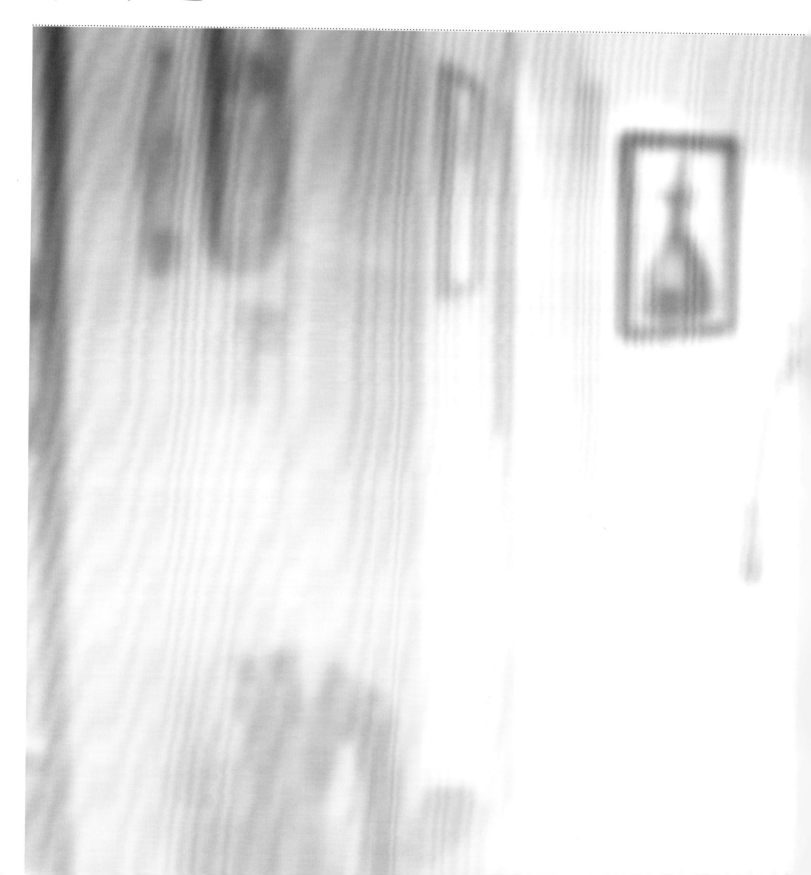

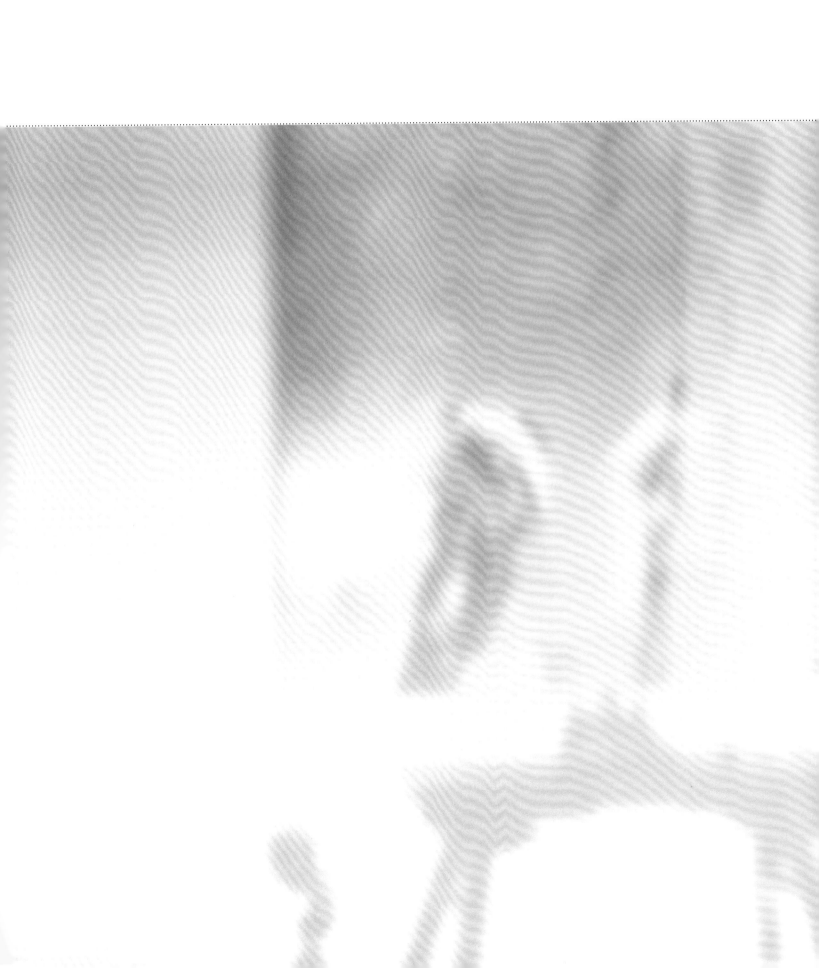

《易经》里的精致生活

Arthur Wang 的 500 平方米的公寓, 位于浦东新区一栋高楼的顶层, 位置绝佳, 正好处于黄浦江的拐弯处, 俯瞰着浦西的外滩和南浦大桥。足够宽阔的空间、卓尔不群的设计格调、壮丽的黄浦江景, 他的公寓成了朋友们聚会的最佳场所。

他说这里的地理位置和对面的风景让他觉得非常有投资潜力, 而并不仅仅是 "能够勾起我在纽约时沿着密歇根湖环湖驾车旅行时的回忆"。"这里优美的景色和绝佳的地理位置让我产生了将这里变成我的私人俱乐部的想法, 这样我的家人和朋友们可以一边欣赏着城市夜景, 一边感受着中国文化和传统。"

Wang 找到了定居在上海的意大利设计师依青 (Nunzai Carbone)。他们两个由葡萄牙总领事介绍认识, "我非

常欣赏依青的作品, 因为她的设计个性独特、优雅高贵, 通常会将意大利设计理念和传统的中国文化进行深度的融合。" Wang 说。

设计师依青说, 客户的需求是打造一间格调高雅、适合宴会交际的空间, 同时要体现中国传统文化和现代家装设计理念。"我们对《易经》做了仔细的研究。Wang 想让他的家人和朋友在这里可以品茶, 聆听中国古典音乐, 欣赏黄浦江和整个城市的夜景。设计师对空间布局进行了重新设计和改造。现在这里实用多了, 看起来也舒服多了。" 她说。

为了减弱外面的喧嚣, 最大限度地利用空间, 他们将空间分割成三个区域: 一个较大的功能区可以接待客人朋友, 几个较小的房间可以举办小型聚会, 还有为

Wang 和家人设计的私人居住空间。"可以说，整个空间设计是对《易经》中的八卦用现代的理念进行重新解读。我们还在设计中融入了"金木水火土"五行的元素。整个设计是为了体现一种和谐、幸福之感。"

中国经典家具设计风格、园林建筑、造型各异的石头、灵动流畅的书法和江南风格的装饰小物，所有的这些都给了依青很大的启发。整个空间的亮点设计就是在这样的背景下向中国经典致敬并进行了模仿。

典雅大气的屏风和隔断全部由木工专家手工打造而成。受到八卦中卦象的启发，依青亲手设计了一系列的花纹和图案，并将其雕刻在屏风、门板和走廊的镶板上，更显高贵优雅的气质。色调的选择同样来自五行的概念。白色背景墙、走廊里局部点缀一些亮金色和深色的木头、柔和的土色调的家居制品都十分简约、自然、与四周的环境和谐合一，营造出了一种静谧的氛围。

在家具的选择上，依青自始至终为客户提供了帮助，不放过每一个设计和装饰细节。所有的装饰物件都是客户自己多年来的收藏品，而软家具和灯光装置全是由意大利设计师设计进口而来的。

依青强调自己在做内部设计时一直以来追求的是简约的风格，物境和谐合一。"房间里并不是要堆满各种各样的装饰品，而是要将几个精致的物件摆在合适的位置，配以合适的灯光效果，整体的格调就提升了。"依青的设计理念和 Wang 对中国传统审美哲学的解读不谋而合。问题就在于如何在传统审美与现代审美中间找一个完美的平衡点。

Wang 说："依青有能力将中国经典中天人合一、阴阳平衡、八卦等精髓理念放在现代都市生活中进行解读和阐释。像苏州园林，我的公寓成为了我在大都市中的私家园林。"

孩子、猫和爵士鼓

麦克·戈尔登（Mike Golden）和他的妻子小平在2014年年底找到了他们未来的家。"当时我们想找一处离苏州河办事处不远的公寓。希望公寓可以有足够的空间可供我们四岁大的女儿奥莉薇娅（Olivia）和四只猫咪玩耍，放置我们的爵士鼓，还要有一个像样的厨房。"戈尔登说，"由于我们是在购置公寓而不是租住，我们得保证接下来的日子我们能过得幸福愉快。"

公寓位于27楼，宽敞明亮，是个不错的投资。"它四面的采光效果非常良好，高端大气的厨房和浴室用具，比

如，斯麦格冰箱、德国进口橱柜和灶台。"戈尔登说道。他现任造意行（中国）的总裁。戈尔登还发现，与他14年前第一次来到这个城市时相比，现在公寓的布局有了很大的改变和提升。"充足的光源和巧妙的布局设计，都让卧室区有了很好的私密性。这很有趣，我很喜欢窗户的结构和其营造的一种孤独感。"

为了让空间更有家的氛围，能更好地适合他们的生活习惯，夫妻俩敲掉了厨房的半座墙，打开空间，在早餐吧台两侧放置了木梁，使其能够更好承重。他们还在厨

房里安装了一台烤箱和洗碗机。"厨房应该是实用主义至上。我们习惯于在吧台区招待我们的朋友。"他说,"我们在墙上嵌入了一个大大的书架,还有一台65英寸的电视机——我们可以尽情地观看《行尸走肉》。书架上安装了一个滑门,在工作日的时候可以把电视机关起来。当然我们不会忘了将我们装酒的冰箱从老房子搬过来,但是冰箱里面经常是空的。"

夫妻俩将阳台进行了彻底的改造,强调了阳台的实用性,增加了收纳空间,还放置了一台洗衣机和烘干机。"我们以前的公寓储藏间很小,这次我们不想犯同样的错误。现在,储藏间里放满了猫粮和备用的化妆品。"戈尔登说。这对夫妻在描述他们的家装风格时,这样说,现代欧洲风格中带有一些质朴和折中主义。"我们想现代感的气息中,有些质朴的元素,比如使用一些老家具,效果非凡。同时,如果小猫们偶尔抓坏了这些老家具也无妨。"

客厅里的白色沙发,由设计师波拉纳沃尼(Paola NAVone)设计,为空间的中心,奠定了整个家装的主题。整体设计平静祥和,兼具现代感,木质家具透着一种质朴的感觉。尽管客厅和餐厅空间上是割裂的,但风格却保持一致。当然,家里也有休闲的区域,比如亮黄色的 Natuzzi 沙发。沙发上通常会铺上一张毯子以防猫咪的小恶作剧。

几件精致的艺术品提亮了整个空间。他们最钟爱是越南艺术家明龙(Minh Long)的油画作品上面画着一位端着一碗米饭的和尚。"客人们经常会讨论他(和尚)在思考什么,这幅油画作品到底有什么样的寓意。"戈尔登的哥哥在新加坡有一家照相馆,他们将一幅摄影艺术品印在了画布上。"从 Casa Pagoda 带回来的猫咪图案的抱枕,让大家又爱又恨。有一些朋友觉得穿着维多利亚式长裙的猫咪让人觉得很不舒服,毛骨悚然,但我们觉得很可爱。"

这些造型简朴的家具是从虹桥花鸟市场或 Kenas 搜罗而来的，而这些装饰物件则来自于新加坡的 Em Gallery, Casa Pagoda, Platane 和 Hay。"我们在主卧放置了一些有朴实质感的老家具，还有一艘 CasaPagoda 的帆船模型，给卧室增添了一些北欧风格。"戈尔登说。

奥莉薇娅的卧室布置简单，粉色的墙壁，墙上挂着一幅由常住清迈的日本艺术家绘制的《群猫过年》的艺术作品。

"我的书房里有一把来自东京的 Fender Stratocaster 电吉他，和一架 Roland TD-9 的电子鼓。弹奏这些乐器是释放压力很好的一种方式。"营造家的美感需要时间。这对夫妻酷爱旅行，他们也在旅途中为家里搜罗一些有趣的潮品，比如在清迈、柬埔寨、老挝或东京。"我们还觉得好的厨具也很重要。我们有来自西班牙的 Mauviel 铜锅、荷兰的 Le Creuset 烤箱和东京的日式菜刀。"

问问主人

问: 住在上海最好的事情是什么?

答: 优质的学校、美食、来自全球各地的朋友们。

问: 请用三个词来描述你的家。

答: 朴实的现代感、温馨、安逸。

问: 你家窗外最好的风景是什么?

答: 如果你是汽车或火车爱好者的话, 这个位置很不错, 处于环路和地铁四号线的交叉口。尤其晚上车尾灯打开时, 景色是壮观的。

温暖的极简主义者

乔婉珊（Carol Chyau）在上海市中心打造了一个宽敞明亮、让人心情舒畅、温暖现代的公寓。提到乔婉珊，必然会提到Shokay品牌，一个具有社会责任感的奢侈风尚纺织品牌，以牦牛绒为原料，致力于生产优质的牦牛绒制品。她作为Shokay品牌合伙人，知道如何去平衡生活和工作。完美的生活空间是关键。

"我在上海已经住了十年，过去的四年里一直在寻找理想的居住空间，但没有成功过。我过去住的公寓在静安区，有三间宽大的卧室，离我的办公室也只有十分钟的距离，

房东给了我七折的租金优惠。除非我找到"最理想"的公寓，不然我是不会离开的。我们的标准就是公寓靠近公共交通站点，有四间卧室，每一间都要足够宽敞，还要有一间大大的客厅。我们有很多客人，并且我父亲经常来上海出差。同时我们还希望公寓有良好的采光条件。"

她现在住的公寓位于红梅路，紧邻延安高架公路。乔婉珊对现住的公寓很满意，每一个房间都足够的宽敞，厨房尤其宽敞。"它激发了我做饭的热情，自从搬来上海后，我还从来没有做过饭。我非常喜欢这里的大理

石地板和地暖系统。我们本来想找类似于前法租界样式的地板，不是传统的中国风木地板，但是我们发现这里的大理石地板同样给了我们惊喜。公寓原来的主人装有一面蓝色的镜子作为装饰，我们觉得搭配有些不协调，就把它拆除了。"

乔婉珊保留了原有的布局。"我们做的最大的改动就是增加了一些特别图案，奠定了公寓的主基调。我们还把窗户玻璃换成了两层、甚至三层的隔音玻璃，可以阻隔来自延安高架公路的喧嚣。我们经常说这是我们对这间公寓做的最有价值的投资。

整个空间的主色调为自然色，点缀着铜金色。由于大理石地板有着不同色差的灰色，还带有一丝丝的米黄色，这使得挑选正确的墙纸和家具成为了一件难事。"最初我选了跟地板色调类似的沙发和窗帘，结果却发现，为了不使整个公寓看起来过于灰或过于米黄色，我不得不重新进行配色设计。"

家具的选择应该跟整个空间的设计搭配和谐。"我们喜欢原木，因此我们很快决定了材质和色彩的选择。由于客厅和卧室的墙纸个性鲜明，稍显厚重，我们在挑选家具时就要慎重选择。我们挑选的桌子、椅子造型流畅轻盈，我们还喜欢轻薄的表面，比如玻璃桌面、木质的桌腿。"

当乔婉珊和她的丈夫完成空间布置时，他们发现整个空间有些许的东方神韵，融合了西方的审美。这并不奇怪，这跟夫妻两个的身份和背景相关。

乔婉珊一直奉行的是极简主义。她和丈夫旅行时非常喜欢收集艺术品。"我们不想只是为了填满空间而塞

满一些不必要东西。我和我丈夫曾经从泰姬陵带回了两个边桌和两块小地毯，从云南带回了地毯，从赞比亚买回了烛台。我曾经去过三十多个国家，很多的艺术品都是在旅行中收获的。"

在众多他们钟爱的艺术品和装饰品中，乔婉珊最爱还是 Shokay 品牌的家居系列产品，这也是她的家居设计的亮点。奢华的手工椅套、枕头、抱枕，从沙发到客厅，无一不是 Shokay 出品。"我的新家就像是 Shokay 的陈列室。我们推广的'家居 & 生活'系列产品都可以进入我们的日常家居生活中。我现在享受的就是 Shokay 营造的家。手工针织的抱枕给客厅增添了一些个性色彩。"

Shokay 以其极柔软和精致的牦牛绒制品而闻名遐迩。Shokay 的诞生不仅大大提高了牦牛绒的质量和产量，还给当地的牧民和加工厂家带来了就业机会和稳定的收入。

"在 Shokay，我们有艺术家驻留项目。我们可以邀请艺术家去考察我们在崇明岛和青海省的供应基地。在2014 年我们邀请了澳大利亚混合媒体艺术家 Caitlin Reily 加入我们。由此诞生的很多艺术品现在就陈列在我的公寓里。我好像对牦牛特别的偏爱。我去尼泊尔时，看到遍地的牦牛，我很兴奋，还向当地的艺术家购买了许多牦牛的油画。"乔婉珊说道。

从白天穿戴的针织衫和围巾，到回家之后的家居服，再到家居用的靠枕和椅套，Shokay 充满了乔婉珊的生活。

问问主人

问: **住在上海最好的事情是什么?**

答: 上海是亚洲的纽约。国际化, 都市化, 很难跟上它变革的步伐。

问: **请用三个词来描述你的家。**

答: 宽敞、舒适、宁静。

问: **你家窗外最好的风景是什么?**

答: 高大的绿树。

问: **家里最喜欢的物品是什么?**

答: 牦牛绒矮凳。

新天地总设计师的"手作之家"

本·伍德（Ben Wood），著名的上海地标建筑新天地的主设计师，在济南路找到了他理想的居所。这里距离他在中国第一个项目——上海新天地很近。"在我的建筑师职业生涯中，很少涉及家装设计。"他说，"当然，经过图纸设计和规划，我会将楼体内部空间分区设计出来。对于我自己的家，我会亲手操刀所有的细节设计。"

作为公寓楼体建筑师，伍德在进行设计时已将他对家的想法融入进去了。这间公寓符合他的标准：充足的自然光线，南北通透的建筑布局，一些室外空间（大大的

屋顶甲板），距离工作室15分钟的步行距离，这些使得这里成为了他理想的自住居所。

"建筑风格越现代越好，"伍德说，"挑高的天花板可以悬挂大型的艺术品，这对我来说是最基本的要求。我的公寓挑高2.9米，还有一个两层楼高的空间，楼梯上方开有天窗。"

宽阔的空间里没有柱子的阻挡，伍德敲掉了几道墙，屋顶的横梁延展到整个空间。"厨房是全开放式的，和一楼的其他房间相通，这样宴请宾客时，我就可以边做

饭边和朋友聊天。"当被问到关于公寓的装修理念时，这位伟大的建筑师说，"我把自己当作一位设计师，而不是装修师。这两者之间最主要的区别在于，后者是在商业化的家装公司系列产品中挑选成品和装饰品，而前者会更有一些创意在其中，这是非常私人化、个性化的。"他继续说道，"我的房子是非常私人的。我在设计时做了一些刻意的尝试，比如用自然和非自然的光线和色彩打造一种错落有致的空间感，就像是艺术家将二维平面艺术改造为三维或四维空间立体艺术。"

他很自豪地展示了落地窗前的大型圆柱体的橘色塑料工业管道并说道："当太阳升起来的时候，阳光会穿过这朵橘色的'太阳花'来到室内，照亮整个空间。窗前还安装了一台大型锃亮的不锈钢圆柱通风扇，晚上可以映现天际线。"同样，在落地窗前放置闪亮的大型工业设备是想在室内营造出一个不断移动的城市天幕。"

伍德在一层空间使用了强烈的色彩。"这个绿色，我称呼它为'上海绿'，这个绿色来自于上海人每家每户门口旁的号码牌。牌上标记这街道的名字、每个建筑的具体地址。号码牌的背景绿色是荧光的，在光线不充足时会发光。新天地附近的建筑在拆除时，我以每块8元的价格从当地的古董商手里收购而来。我觉得这些号码牌是他们的前主人留给我的有生命的文化遗产。"

这间位于顶层的豪华公寓里充满了伍德多年来珍藏的艺术品。"这些艺术品绝大多数与我个人相关。"楼梯旁有两张大大的黑白照片。"这两张照片上的年轻女士是我在新天地的酒吧里认识的。我们第一次遇见时，她是一位有抱负的模特。她一米九的身高这并不符合传统的亚洲审美观。我聘请了一位非时尚行业的摄影师为她来做特辑。我告诉摄影师卸掉她精致的妆容，让她穿上牛仔裤、方格布衬衫，在一个'纯'工业地点

为她进行拍摄。结果令人惊艳！很快她找到了工作，搬进了纽约市里，现在她已经小有名气了。"

"两张大的彩色照片都出自余平之手。我在去西安的时候发现了他的作品。去年在新天地我的画廊里专门举办了他的摄影艺术展。名为"Design Without Designers"即"没有设计师的设计"摄影与装置展。展出的 22 张极具艺术感的摄影作品是中国西部偏远的村庄，这些村庄现在已经不复存在了。这些照片成为了人类城市化进程中农村文化消失的有力证据。"伍德说。

伍德的艺术珍藏中还有很多有趣的藏品。"我承认我很偏爱非正统的乡土建筑和艺术。唯一不是乡土建筑的就是挂在楼梯顶上陈福东的摄影作品。这幅照片是一个年轻的女人，在一个几乎空空如也的房间里，坐在一张简陋的床上穿衣服。她已经准备好要离开这个房间了，唯一能证明为什么她没有离开的就是挂在床柱上的男人的大衣。"

伍德的居家生活，他说，绝大多数时间他会坐在客厅中央的大桌旁度过，他没有正统的餐桌。"正因如此，我

的'手作之家'才会如此非正式。"这张桌子是由五块红木材质厚板拼接而成的。木板之间并没有互相楔合。"木板与木板间留出的不规则空隙，让整张桌子看起来更有生命，更加有机。它是我设计哲学的体现：真正的美来源于自然。"公寓里的装饰品大多来自他本人最喜欢的三个地方：北京路、九星家具市场和他"秘密的"木工厂和家具生产商。

"在上海居住像是一场冒险，未来和我们想象的一致。对于我来说，未来的路是坦途。"

丹麦总领事家的丹麦血统

丹麦驻上海总领事普励志先生（Nicolai Prytz）在上海的家位于市中心的一栋高层公寓楼里。这里俯瞰着前法租界区，亦可欣赏整个城市的天际线。普励志先生的公寓风格随性放松，让人能感受到一种家的归属感。公寓里宽大的窗户和房间，可以让主人有足够的空间举办社交晚宴，这正符合普励志先生和夫人的需要。"干净的墙面颜色作为背景，搭配上浅色木地板，再加上充足的自然光线，这些条件都足以让我们采用丹麦设计风格进行装饰设计。"

这位总领事希望在宁静中性的总体风格中，以丹麦设计元素为主基调，将公寓打造成可以放松身心，随性自如、格调卓尔不群的空间。"我们想向客人传递一种概念，到底什么，是丹麦设计。大多数人对丹麦设计的理解是极简主义和实用主义，但是我认为我们丹麦人是非常易相处、简单、坦率的民族，这些渗透到骨子里的性格会在设计中有所体现。比如，餐桌旁的 Wishbone 餐椅，是由师汉斯·韦格纳（Hans J. Wegner）设计的。他设计出了许多经典椅子留给后人，是当之无愧的工艺大师。"

Wishbone Chair 明显受到了中国明朝时期椅子的启发，是韦格纳最出色的设计杰作。简单的设计、利落的线条，再搭配上精湛的手工艺，让其成为经典之作，现在在丹麦仍进行手工生产制作。这款椅子座位区宽敞，可以让坐者随意地变换姿势，无论哪种坐姿，靠背都可以提供很好的支撑。尤其是在漫长的非正式宴会中，人们坐这款椅子会感觉非常的舒适自在。

餐桌旁是一片小小的放松区，摆放有里程碑式的 Flag Halyard 椅子，为空间增添了一种温馨感。这款椅子同样是由韦格纳设计的，于 1950 年 Carl Hansen——丹麦家具生产商生产，一经问世，立即成为了 20 世纪里程碑式的设计。这款椅子以不锈钢作为主材料，由长羊毛皮作为包覆。Flag Halyard 椅子设计极具未来感，但是让人意想不到的是，它的问世却是在 50 年代的一个炎热夏天的午后由一件极其琐碎微小的事情引发的。

当韦格纳的孩子们在沙滩浅水区玩耍时，他却在忙着用沙子为自己造一个舒服的椅子。回去后，韦格纳根据沙滩上的座位角度立即绘制了第一张草图。

普励志先生继续告诉我们，韦格纳除了对木材有特殊的偏爱外，他还对设计有着大胆无畏勇于创新的精神。在设计 Flag Halyard 时，他向早期现代主义者勒·柯布西耶（Le Corbusier）、密斯·凡·德·罗（Mies van der Rohe）和马歇·布劳耶 (Marcel Breuer) 等人致敬，也向世人证明了他对不锈钢材的把握就如对木材的掌控一样，极具优雅格调。

客厅里的另一件亮点设计单品就是三角贝壳椅（Shell Chair），"保罗史密斯限量版"。它以永恒经典的设计风格和舒适的坐感而闻名于世。这款椅子如双翼般的扶手，圆锥形椅脚的拱形曲线，呈现出一种漂浮的轻盈感。家具生产商 Carl Hansen & Son 与设计师保罗·史密斯通力合作，推出了这款椅子的限量版，以纪念韦格纳的百岁诞辰。

屋内摆放的一件小巧可携带式扬声器也是出自丹麦设计师之手，是 Bang & Olufsen's PLAY 系列中的时尚单品。它可以连接 Wi-Fi，蓝牙，由丹麦年轻新兴设计师采齐莉·曼资 (Cecilie Manz) 设计。

这位丹麦总领事的工作场所就是由丹麦家具公司 Paustian 操刀设计的。这家公司是办公家具设计方面的先驱者。尤其座椅的设计非常符合人体工学，可以根据工作场所的需要和个人的喜好，调解座椅的高度。

公寓开放式的布局可以让客人们在房间内自由走动，近距离欣赏屋内的丹麦设计风格。甚至 Bang & Olufsen 的高科技音乐系统，也给人带来感官的愉悦享受。

心之向往，魂之所栖

当丽莎·布朗（Lisa Browne）的双胞胎儿子返回加拿大读大学时，她决定是时候租住新的公寓了。"我的孩子还小的时候，户外空间和游戏空间是很重要的。但是现在，空间布局变得更重要了。"一年前，她终于一个有着完美布局的新家。"这个位处市中心的公寓很符合我的标准。前法租界区是在上海居住最爽的地区了。"她这样评价她 390 平方米大的公寓。

尽管空间已经不是大问题了，但是布朗还是希望她的公寓是全家人的大本营。能保持空间的私密性是很关键的。新公寓布局设计巧妙，私密性很好。"家里的墙都没有和邻居家的墙挨着，因此卧室、办公室、客厅和厨房都是私密的空间，有效地降低了噪声。我丈夫、我的女儿、我，甚至我们的朋友都能享有自己的私人空间，不受干扰。"

阳光透过大大的玻璃窗缓缓地流入每一个房间。"我们有朝东、朝南、朝西的窗户，采光效果一级棒。我喜欢我的餐厅和客厅，宽阔、开放。我们从不觉得我们生活在一个空间里。"尽管她觉得还有几处需要提升修饰，她已经爱上了这间公寓，她很享受运用她的创意去营造一种更有温度的家氛围。

很明显，布朗是一名狂热的家装师。墙上挂满了艺术品和设计感十足的装饰品。她对混搭和对比不同材质、不同风格、不同色调的装饰品很拿手。总之，它们搭配在一起是那么的和谐。"事实上，我并没有刻意去创造一种风格或格调。我坚信如果你打心眼里爱它，你就会拥有这种风格，并感染他人，令他人信服。"

她说，客人们经常评价她有一种天赋，可以让那些看起来不搭配的物品完美和谐地搭配在一起，也许在抽屉上，或在某一个角落里。"我总是告诉他们，不论是家具也好，还是艺术品或收藏品也好，只要它们对你来说有意义，是你生命中某个片段里的故事，那么它们就可以搭配在一起，毫无违和感。"

这样的装饰理念同样体现在了她的个人风格中。"无论你是在旅行中，从祖母的家里，或是从大的家具商场里购买或收藏来的物件，要保证它们能与你产生对话，要让它们能够讲述你的故事。"

"我的家装设计的主基调一直是黑色，然后在此基础上，增添一些时下流行的色彩。有趣的是，我的着装风格和我的家装风格异常相似，都是简单的线条和图案，再用流行的颜色进行点缀。"

很多的装饰品已经无可替代了，比如她女儿屋里的大衣橱，自从搬到新家后，变成了厨房里的食品储藏柜；以前的鞋柜现在用作餐具橱。空间的色彩主要来自家居饰品和艺术品。"当我想改变房间风格时，我把这些装饰品从一个地方移到另一个地方。"

多年来，布朗从全世界各地收集了很多有趣好玩的物件。"我有许许多多的收藏品，每一个背后都有属于它自己故事。有从印度带回来的丝毯，有从巴厘岛随身带回来的绿松石佛像和从泰国运回的大木窗。这个大木窗还引发了一场家庭战争，直到机场方面同意将它托运至上海。事实上，我并不清楚我丈夫是怎样说服机场方面同意托运的。"她笑着说道。作为一名摄影师,她也从旅行中拍摄最美好的瞬间,然后冲洗出来。

客厅的空间很宽敞,以前三个房间的家具放在现在公寓的客厅中,也并不显得拥挤。整个客厅的设计理念开阔、开放,有不同的座位区。"这又回到了我最一直贯穿的家装理念,所有的家具和装饰品可以从一个房间移到另一个房间,风格就在这腾挪之间自如转换。"

主卧的风格多年以来一直不断地在变化。起初,据布朗说,风格很是保守,然后时髦,之后是复古风。现在,它又像是全家人在亚洲生活的旅游日志。

多人认为卧室不应如此拥挤繁复,但是我们喜欢。"它让我想起在亚洲一间很棒的别墅里的生活,置身其中,我们仿佛在旅行,这种感觉我们很喜欢。"

女儿的卧室风格反映了她对时尚设计的品位和追求。以前,布朗经常转换房间的家装风格。当她丈夫出差回家后,往往会有些不知所措,不知道应该坐在哪里。

但是在她的新家里,她发现了灵魂栖息之所。"我对家里所有的一切都相当满意,不觉得有需要改进的地方。每个房间都让我身心感到愉悦,每当我从前门走进来时,满足之感会油然而生。"

问问主人

问: **住在上海最好的事情是什么?**

答: 这里的生活是真实的生活, 无论是散步、外出吃饭或者是随便逛一逛, 你会发现很多的惊喜。

问: **请用三个词来描述你的家。**

答: 温馨、禅意、趣味。

问: **你家窗外最好的风景是什么?**

答: 当东方遇上西方。我可以看到浦东新区东侧的高楼大厦, 一直绵延到西边的虹桥。

问: **家里最喜欢的物品是什么?**

答: 从巴厘岛带回的绿松石佛像。有趣的是, 这可能是我们整个公寓里没有花大价钱购买的艺术品了。

脱掉鞋子，享受生活

伊丽莎白·莎凡特（Elizabeth Savant）对她在上海租住的公寓进行了彻头彻尾的大改造。这间三层复式结构的老公寓位于市中心的一座居民楼楼顶。她打开了公寓的垂直空间，开阔了居住空间，让更多的阳光可以进入房间。这间位于闹市中取静的老公寓，于朴实的外表下隐藏着一个令人惊叹的内装设计。

莎凡特来自加利福尼亚，是一位有天赋的家装师。她为自己的家亲手设计了一种格调。"我想营造一种舒适、温馨、愉悦的氛围，格调高雅。"你回家后可以同时闻到蜡烛清香的味道和烤箱里烤肉的香味。"她说。莎凡特希望她的家人回家后，可以脱掉鞋子，一边品尝美味的家做面包，一边欣赏窗外美景，或一边在厨房里聊天。在过去的12年里，他们在上海租住过公寓、别墅、老式里弄公寓。"对我来说，租房子的最重要的标准就是空间布局，或者可以这样说，房子的'骨架'，有没有按照我的方式重新改造的潜力，改造完毕后的效果是不是一流的。"她说。

"虽然城里房子很多，但绝大多数都与我的要求和风格相差很远。当我看到公寓时，我通常会现在脑海里想象我会如何装修设计，装修完的风格是不是我想要的。"这间宽敞的大公寓符合她的标准。"即使外面的天气再灰暗阴冷，里面的空间也能保证有足够的光线，城市的美景也能一览无余。"莎凡特补充道。

当然，莎凡特最钟意的还是这间公寓有很多房间。"当我看到有很多空荡荡的房间时，我很兴奋，这意味着我可以按照自己的想法和创意去装修设计。

她设计了一个她女儿们专属的娱乐室，她们在那儿可以休息放松，可以和朋友们小聚。这间娱乐室和她们各自

的卧室相连，也就是说，莎凡特为她们专门设计了一个休息区，不然这个没有门的房间就会被闲置起来。她在屋内铺了一块紫色的地毯，看起来清新愉悦。

整体来说，莎凡特的个人风格是加州式的，带有一些欧洲和亚洲的色彩。"我的家乡洛杉矶，是一个大熔炉，我想我巴西——墨西哥的血统在我的设计风格中也有所体现。"我喜欢白色，偏爱亮丽的颜色。海军蓝、亮橘、性感粉、翠蓝，还有金色，这些都是我喜欢的颜色。"她身上穿的颜色，在家里的装饰设计中也能找到。"当人们走进门的那一刹那，人们就会知道这就是我独特的风格。"

蓝灰色调的客厅是整个空间的亮点。"我对蓝色系海水的油画作品痴迷，这可能是因为我从小在海边长大。"莎凡特说，"蓝色可以让我舒缓下来，亮丽的颜色可以让我闻到夏天和大海的气息。"

客厅里悬挂着一幅汤姆·格里恩（Tom Gilleon）的印第安圆锥形帐篷油画，那是她最钟爱的艺术品。"每次我和我的丈夫凝望这幅油画作品时，我们都会想象里面住着一家人，黄昏时烛光婆娑。它给我们在上海的现代都市的生活带来了一股美国西部的气息。"

客厅旁的餐厅，足够的宽敞，莎凡特一家人用它来做正式聚会之所。"我和我丈夫喜欢做饭，喜欢邀请朋友来家里小聚。这个房间依然有许多需要改进的地方。我可能会在这个房间贴上壁纸，用一些大胆张扬的颜色或饰品让它看起来更现代。但是这可能就是租房住的不方便的地方。"

现在，她可能会用从意大利带来的一块小地毯，从当地家具店淘来的风格质朴的餐桌和餐椅来弥补这些缺陷。二楼的主卧非常具有禅意。"我对主卧色彩的选择相当的满意：白色和卡其色中带有一丝银色。在嘈杂繁忙的一天工作后，我想有一个温馨、舒适、干净、整洁的休息区。白色的兰花、白色的床单、白色的毛巾、白色和棕黄色的枕头、白色蜡烛和白色的窗帘以及中性的颜色会让人感到无比的宁静祥和。"

然而，她的两个女儿在内部设计和色调选择上的见解各有不同。"我9岁大的女儿喜欢亮丽的颜色，她最喜欢的颜色是橘色。稍大的12岁的女儿偏爱白色和褐色。她卧室里所有的东西都是白色、黑色或是卡其色的。"

位于最顶层的电视房的风格像是好莱坞电影海报的真实复刻版。"我们一家人在这间明快的房间里非常放松、自在。我们一起看电影、一起玩棋盘游戏。"电视房成了莎凡特最钟爱的房间之一。

她想设计一个充满趣味但又温馨的区域，色彩明亮，并有足够的空间可以摆放她旅行淘来的收藏品。土耳其蓝和卡其色地毯与墙上的油画遥相呼应，家具上覆盖着柔软的天鹅绒。"我喜欢将家具用覆盖物覆盖，有两个原因：一是我可以经常地更换空间的色调，不用

花很多的钱就能做到。上海是世界的纺织品中心，我非常喜欢逛这样的市场，搜罗一些不同材质的纺织品、记忆枕等。二是我喜欢灵活、自由。如果覆盖物选择对了，会让整个房间的风格大变。"

"我还喜欢用兰花或其他鲜花装饰我的房间。鲜花可以让房间增色。我非常乐意去花市逛一逛，买一些鲜花。我室外的那些绿植鲜花每六个月会更换一次。"

莎凡特非常热爱装饰她的家。"我爱我的家，是因为它让我感到幸福。朋友来做客时，他们会感受到浓浓的爱意和家的氛围，令人愉悦舒适。我觉得营造这种氛围最重要的是要关注一些小细节：鲜花、枕头、舒服的座套、清新的蜡烛，还有烤箱里散发的香气。这就是我的秘诀。"

上海市中心的"意大利绿洲"

与众多在上海工作的外国人一样，潘安雪（Eugenia Palagi）住在市中心的一套高档公寓内。2012 年潘安雪出任意大利驻上海的经济事务顾问。对她和她的未婚夫王进良来说，能够在水泥丛林里建造自己的安居之所是一种奢侈的享受。

她对居住的空间要求很简单：符合她意大利外交官的身份即可。她努力寻找一间优雅而不简约的公寓，有宽敞的客厅可以用来招待客人。一间位于安福路，前法租界区中心的公寓引起了她的注意。这里距离她工作意大利总领事馆只有 5 分钟的路程，非常便利，也能为她提供舒适安逸的居家生活。

"我最满意的是房子有极好的采光。我也喜欢阳台上的风景——一张类似于罗马广场上的小咖啡桌，坐在这里可以看到石库门的老建筑。还有一位老人经常在晚上吹奏笛子。"她说。

作为一名来自意大利的外交官，潘安雪在公寓本身美学基础上，注入了真正的意大利精神。她用意大利审美的精髓，向人们展示了她装饰设计的天赋。水晶、皮质和高科技的材质在公寓里得以完美地平衡。

"给公寓带来本质改变的是家具，而公寓里的每一件家具都是我从意大利带过来的。"她说。环顾四周，你会

发现她的家中装饰品琳琅满目，多是家族的祖传之物，还有现代设计师单品和她多年来收藏的古董文物。"我的目标是将现代的新家具与我家族的一些老家具搭配在一起。在意大利，中产阶级家庭如果想展示家族历史的话，不会只使用新家具。"

她的公寓里有一张 18 世纪的齐本德尔式水晶橱柜，是潘安雪的祖爷爷在 20 世纪初买下的。还有一些 Thonet 椅子，是母亲家族赠予的。Thonet 是 19 世纪维也纳的一家家具公司，曾经为奥地利王子梅特涅（Metternich）做设计。

与众多喜欢享受生活和设计的意大利人一样，潘安雪也有属于自己风格的藏品。她最珍爱的是玻托那福劳（Poltrona Frau）品牌的红色扶手椅——Vanity Fair，是意大利家具业中标志性的领军人物伦佐（Renzo Frau）于 1930 年设计而成。这款扶手椅以其圆润的外形，靠背与扶手处钉有一排排长长的钉扣而闻名于世。"我第二件最爱的单品就是 Flexform 品牌的 Groundpiece，由安东尼奥·奇特里奥（Antonio Citterio）设计"，她指了指客厅里的沙发。它对传统沙发的比例进行了变革。方便坐下的高度和随性的外观设计，让坐在上面人感到无比的放松舒适。

"FIAM 的水晶餐桌 RayPlus 是房间里的另一个亮点。FIAM 创意公司的创始人是维托里奥利维（Vittorio Livi），我们是在 2010 年由我主持的马尔凯大区系列活动时认识的，他是一位非常聪明的人。FIAM 用一种革命性的技术将水晶和玻璃弯曲成创意曲线，同时非常结实，不易损坏。我还喜欢他家的 Gallery Mirror 和方茶桌 Neutra。"

她的心爱之物还包括台灯——Flos 品牌的 20 世纪 70 年代的台灯 Parentesi，由意大利设计师阿切勒·卡斯蒂格利奥尼（Achille Castiglioni）和皮奥·曼祖（Pio Manzu）合力设计。一个类似的台灯现由米兰三年展设计博物馆作为永久展品收藏。

"我有一件 Fontana Arte 出品的达摩坐像，由塞尔吉奥阿斯蒂 Sergio Asti 操刀设计，现在正在纽约现代艺术博物馆进行展出。还有一件 Fontana Arte 的奴婢雕像。"她说。

"米兰是世界家具革新和设计的中心。上一届家具博览会的成功就是最好的证明。我的公寓里 98% 的家具来自意大利，但是我对其他国家和文化也持开放的态度。自从两年前来到上海后，再加上我的未婚夫是中国人，我开始收藏一些中式家具和物件，还有一些书籍以及小雕像。"她说。

她最近去逛了东台路的的古玩市场，她说挑挑拣拣这些文物小件的过程非常有趣。"对我来说，房子代表的是主人，首先是主人的个性，其次是品位。你的个人品位会受到周围环境的影响，最终会达到和谐的状态，营造出一种家的归属感。"

问问主人

问: 住在上海最好的事情是什么?

答: 有很多的机会。

问: 请用三个词来描述你的家。

答: 现代、明亮、温馨。

问: 你家窗外最好的风景是什么?

答: 有宽广有趣的视野。最好的风景是从我的厨房里
望出去, 可以看到浦东新区的东方明珠电视塔。

酒店式公寓里的故事汇

海伦·沃特斯（Helen Waters）和她的丈夫安德鲁（Andrew）终于到达了上海。在过去的十年里，夫妻俩和孩子们一直进进出出上海，在一所大房子里和顶层豪华公寓里居住过，都位于前法租界区。现在他们在上海商城租住了一套酒店式公寓，宽敞舒适，有四间卧室。

他们说这里远离了前法租界区的熙熙攘攘，人事纷杂。"之前住的房子也很宽敞，但是我们发现自己每个周末都在 Portman Ritz Carlton 酒店的游泳池，聚会聊天，所以我们决定搬家到上海市中心。"

他们现在离着大型的儿童乐园很近，跳床城堡、室内室外温水游泳池、专门的 BBQ 烧烤区，在这里他们可以邀请朋友过来相聚。"住在上海商城，我们可以享受到酒店的一切服务，同时能感受到家的温馨。这里有来自世界各地的有趣的人，还有孩子们。很多人带着孩子过来吃饭，这里就像是一个开放的大房子。我们的边境牧羊犬 Biscuit 在这里过得也很快乐。"

尽管酒店式公寓精装修，也没能阻止海伦增添自己的风格。她和家人多彩开朗的个性在空间里表露无疑。"不论我住在哪里，我都会设计一种属于我们家人的风格。

我没有追随潮流时尚,我们追求的是简约而不失雅致的风格。"在这里,海伦依旧采用欧洲风格作为主基调,局部点缀搭配带有中国风或亚洲风的物件,提醒着自己仍旧住在上海。她喜欢搭配一些带有民族风或传统风格的元素,这样公寓看上去就不会显得过于摩登,整体格调高雅不失温馨。

海伦很明显选择了明快、自然的颜色,因为这些颜色让人感到舒缓放松,更能突出自然光线。宽大的客厅里摆放着简单线条干净利落的家具,座位区和餐厅区都很宽敞。从材质和颜色的选择到有简约格调的家具,这间公寓的每一处细节无不透露着主人不俗的品位和温馨的格调。

"客厅的主题是舒服的沙发。轻松自在的氛围让人禁不住坐下来,放松身心,读一本美食图书,或是忘我地欣赏艺术品。"海伦说。在座位区的旁边是餐厅,一张复古的餐桌让空间变得柔和起来。花瓶里的鲜花散发着淡淡

的清香。主卧是夫妻俩在忙碌了一天后放松身心的地方，舒适、安逸的布置是关键。海伦最近淘来了印度和摩洛哥风的条凳和豆袋，为卧室平添了几许异域风情。

孩子们的卧室在公寓的另一端，同样也很有个性。米拉（Mila）的房间是梦幻公主的风格，充满着大大小小的玩偶，还有一套木质厨房玩具。米拉的朋友们周末时非常喜欢来这里过夜。路易斯（Louis）的房间是典型的男孩风，展示着他的收藏的滑板、冲浪板和鼓。"感觉像是住在加利福尼。在这里，每一个人都可以按照自己的风格和方式进行装饰。整体的效果还是不错的。"

"我的作品是很个性化的，它们见证了我的旅行、我的人生经历。"我去过很多地方，见过很多来自不同的文化、不同的背景的人。通过他们的脸，你可以捕获一瞬间的表情，似乎在向你讲述他们的故事。我的人物肖像是基于我的个人风格和我脑海中的故事而创作的。我的家也是如此，呈现的不只是设计，还有属于它的独特的精神和风格，讲述发生在这里的故事。

问问主人

问: 住在上海最好的事情是什么？

答: 各式的餐厅和美食。

问: 请用三个词来描述你的家。

答: 舒服、幸福、放松。

问: 你家窗外最好的风景是什么？

答: 上海展览中心的老式俄国建筑。它非常壮丽。

问: 家里最喜欢的物品是什么？

答: 我最喜欢我的意式浓缩咖啡机，手握一杯咖啡，欣赏我的油画，对我来说是最享受的事情。

"沙漠探险家"的奢华公寓

费尔南多·R.维拉（Fernando R. Vila），私人股本公司——普凯投资基金（Prax Capital）的合伙人，住在上海市中心的高端住宅区。

这位西班牙人十年前来到中国，于2006年在新天地地区买下了这所公寓。最让他动心的就是这里绝佳的地理位置——距离新天地一个街区，距离他的办公室只有两个街区，还有就是附近的Club大厦，有大大的游泳池、网球场和健身房。

在居住了几年之后，他决定对空间进行第二次升级改造。他选中了西班牙设计师图乔·伊格莱西亚斯(Tucho Iglesias)，一位非常有天赋的设计师，河滨大楼里的上

海灿客栈就是他的代表作。"从他的家具设计中我看到了他惊人的天赋。在决定对我家进行改造后，我毫不犹豫地就选择了伊格莱西亚斯。"维拉说。

由于现代公寓屋顶低矮，有较多的称重墙，将空间分割开，伊格莱西亚斯对设计这样的空间并不感兴趣。但是在Vila的盛情邀请下，他决定接受这个挑战。

公寓原本布局有三间卧室和一个小客厅。伊格莱西亚斯将两间卧室打开，合并为一间面积较大的主卧，带有一个步入式衣柜。客卧改造为阅览室，一张宽大的榻榻米，可以躺在上面看电视，并通过一扇滑门与客厅相连，这样整个空间看起来宽阔了许多。

维拉希望将西方风格的设计与带有中国文化色彩的元素混搭在一起。若在几个世纪以前，他愿自己是一个旅者，骑上一匹骏马，从萨拉曼卡的家庭牧场出发，一直到遥远神秘的东方，中国北京，然后再从北京返回家乡。

伊格莱西亚斯作为设计师清楚地知道家装设计主题里应该蕴含着主人特有的风格和特色，这样才会赋予这个家独有的个性气质。在充分了解了维拉之后，伊格莱西亚斯确定了整个家装的主题——"戈壁沙漠"。

"我们想重塑探险家的精神。一位富有冒险精神的男人从遥远的地方徒步而来，在沙丘里，阅读、放松、享受了片刻的宁静之后，他将继续他的旅程。"伊格莱西亚斯说，"这个主题体现在设计中，就是要有一种轻松惬意之感，劳累旅途中的憩息之所，低调而不张扬。"

伊格莱西亚斯非常擅长于东西元素结合、传统与现代风格混搭。整个空间的色调舒缓柔和，沙色、蓝色搭

配上一些土红色，许多装饰细节为了迎合设计主题，都是私人定制而来的，无处不透露着对细节的注重。

公寓内艺术作品的甄选和摆放也体现着"沙漠"主题。法国画家麓幂（Christian de Laubadere）笔下的女士们可以理解为来自沙漠，床上悬挂的 Cindy Ng 的作品描绘的则是沙漠中的风暴。

当维拉搬到上海居住后，他就开始收藏中国古董家具。他主要对两种形态的艺术感兴趣；一种是在上海居住的欧洲艺术家的绘画艺术，另一种是中国艺术家用现代方式传达中国传统古风主题。

他最珍爱的画作就是艺术家于鹏的《红园》，放置在主卧中，还有两幅麓幂的作品也是他的最爱，画中展现中国女性的脖颈，极具东方优雅之态。

建筑材料的选择上，设计师挑选了水洗橡木木地板，颜色看上去非常的自然、质朴。大理石，经过仔细斟酌

挑选，选择的是与沙丘的颜色、与整体色调中的蓝色和沙色相呼应。墙体与门的颜色呈白色到沙色的渐变色，为家居装饰提供了柔和的背景。

客厅中一件特殊的家具单品是核桃木和铜质的咖啡桌，桌面是一幅来自陕西省20世纪的绘画作品。窗帘专门从西班牙定制而来，地毯是维拉的姐姐们在印度手工制作的。"家不论是主人设计还是专业设计师设计，都应该是对主人的个性与生活方式的一种表达。"伊格莱西亚斯评论道。

问问主人

问: 住在上海最好的事情是什么?

答: 活力、机遇、他国文化与中国文化的融合。

问: 请用三个词来描述你的家。

答: 舒适、惬意、趣味。

问: 你家窗外最好的风景是什么?

答: 翠湖天地的入口、新天地公园，浦东新区的高楼大厦。

问: 家里最喜欢的物品是什么?

答: 1698年的Coroneli"陕西和山西"地图。

复兴路里弄房里的法式情调

法国夫妻伊曼纽尔·佩吉特（Emmanuel Paget）和弗洛伦斯·佩吉特（Florence Paget）在上海市中心打造了一间温馨的家庭公寓。

当夫妻俩 2004 年第一次来上海旅行时，那时还不知道他们一家四口即将要在这里长期居住。

"当时我们着重找一间里弄房，因为它们具有独特的魅力和历史。"伊曼纽尔·佩吉特说，"但是当我们查看了几间之后，我们发现这些里弄房有两个共同点：一是采光效果较差；二是楼梯陡峭，房间较为狭小。这些对于我们两个小孩子来说不太实用。"

最终他们在复兴西路的前法租界区找到了一间满意的公寓，完全符合他们的审美要求。"空间很明亮，白色墙面，里面空空荡荡没有家具。因此我们有绝对的自由按照我们的风格来装饰。"他说，"空间布局很合理，客厅外的风景郁郁葱葱，我们非常喜欢。"

伊曼纽尔·佩吉特说他们还喜爱公寓南北通透的格局。"我们可以看到两种不同的户外风景：枝叶繁茂的绿树和老上海里弄，无论哪一边的风景都郁郁葱葱。我们住的楼层可以看到复兴西路的梧桐树的枝叶，另一面则可以听到动人的鸟叫声。"他们没有改动房间布局，只有将厨房后面的小阳台封闭了用作厨房的一部分。

这对夫妻说他们喜欢与珍爱的物件和习惯用的物品住在一起，他们的公寓也是这样布置的。"整个空间的氛围非常的'我们'，与我们经过多年精心挑选的物件住在一起非常的舒适惬意。"

在搬进来后，他们已经增加了许多淘来的装饰小物，与现有的装饰品进行搭配。"在客厅，我们不希望有电子设备裸露在外，"伊曼纽尔说，"因此我们专门定制了一套家具将这些设备隐藏起来。随着时间的流逝，电脑被大屏幕取代了，我们的下一个目标就是将大屏幕隐藏起来。"

他们说他们最喜爱的就是 20 世纪 30 年代的老家具，这是他们在 TonyLin 的仓库里淘来的。Lin 专门在全中国各地搜集 30 年代的老家具。

当然老并不意味着无趣。弗洛伦斯说："我们喜欢将现代单品与老家具进行混搭对比。坦率地说，每一件家具都是随性淘来的，而不是带有目的去寻找的。"

不经意间就打造了一种独特的风格。由于他们下定决心让这里风格随着时间的演变而改变，与许多现代公寓永久性的装饰风格不同，他们公寓风格一直在发生

改变。整个空间古朴自然的色调中带有些许的亮色，由不同的艺术品制造出了一种有趣的玩味效果。

伊曼纽尔说这些艺术品里有一些是一见钟情就买下来的，有些能够讲述他们的个人经历和故事。

"比如，餐厅里的一幅当代艺术作品是对知名画家致敬的一幅作品，历史上，曾出动过军队去寻找这些画家的仿品。"

佩吉特夫妇在巴黎时曾有过在船上居住的经历。弗洛伦斯说他们来上海时基本上没有带任何家具，因为这些家具与轮船已经融为一体。他们只带来了一些艺术品和私人物件。

他们一家人喜欢在客厅里度过欢乐时光，这里可以通往露天平台。当天气暖和时，他们尤其喜欢将窗户大开，欣赏外面葱郁的美景，给人一种内部空间与外面自然融为一体的错觉。

问问主人

问: 住在上海最好的事情是什么?

答: 活力。

问: 请用三个词来描述你的家。

答: 温暖、个性、地理位置好。

问: 你家窗外最好的风景是什么?

答: 很难选择，一边是高大的梧桐树，一边是迷人的里弄。但我得承认，我喜欢站在阳台俯瞰里弄街道，抽一根烟，看看我的邻居们和他们的爱好。

问: 家里最喜欢的物品是什么?

答: 20 世纪 30 年代的桌子。

东方古典风搭配西方贵族风，
天衣无缝

克劳德·杰克（Claude R. Jaeck）和夫人谢晓宇（Hsieh Shau Yu）在亚洲兜兜转转工作了20年（1983—2003），先后在新加坡、泰国和中国香港居住过。终于在2003年，他们于母亲节前夕搬到了上海，这令他们非常兴奋。"我们很快就在朋友的推荐下搬到了我们在城里的第一个家。再加上我夫人是台湾人，我们与房产经纪人、小区物业打起交道就变得容易多了。"他说。然而当他们在租来的房子里住了一年后，慢慢对周边小区和环境熟

悉起来，了解了这个城市的特点，逛过了古朴的弄堂和狭窄的街道，杰克说："我们权衡利弊后，决定搬去虹桥居住那里的绿化环境和花园设施相对来说较为完备，离法国和美国学校也很近。"

当夫妻俩第一次看到这间公寓时，他们就一见钟情。与上海市中心看的其他房子比起来，这里的空间更为宽敞，布局更为合理。更加让人满意的是有一个宽大的阳台，

延展了整个公寓长度，站在这里上海"目所能及"的美景，尽收眼底。

这位来自法国的房主说，与上海的大多数公寓一样，这间公寓没有进行过装修，只有水泥墙和一些必要的水电暖设施。"但是这样未经装修的土坯房对我们来说像是一件隐藏的礼物。我们可以根据个人喜好和审美来进行装修。"杰克说，"我们很高兴接下这个项目，这样我们可以按照个人品位对布局和地板等等进行装饰改造。"

改造的过程中，有世界级建筑作为样本，使用的是世界级的装修材料，还有来自全球各地的产品。他们主要

的理念就是打造一个舒适惬意的居住空间，有足够的背景墙可以陈列他们多年来收藏的大量家具、艺术品、古董文物等等。

"如果非要给我们的家居风格被帖上标签的话，我觉得应该是东方古典风（有很多中式家具、韩国家具和东南亚风格家具）兼具西方贵族风。

空间里的色调与东方古典家具的色调保持一致，因此稍显阴暗沉重，不过点缀上几件现代艺术单品，色调立刻变得活泼起来。间接的柔和灯光是装饰中关键因素，能够营造一种舒适温馨感，亦能更好地衬托家具与饰物。

杰克多年以来一直在收藏中国古典家具，有许多是在越南和泰国淘来的。"我们很幸运在曼谷的亲家，在泰国金三角地区有一家家具工厂。这样我们就有机会淘到一些失传的家具。有一些已经跟了我们很多年，俨然已经成为我们家庭不可分割的一部分。"杰克说。

"我们的装饰风格展现了我们特有的个人风格，和对艺术的热爱。每一件藏品，无论大小，都有它的故事和经历。"他说。

杰克最爱他的书房，里面收藏着大量的书籍、纪念品、特殊的艺术品和一些其他有纪念意义的物件。内部的装修和装饰风格也反映了他们的品位和偏好。"我夫人喜好油画，而我热爱历史，这才有了'中法历史社会学会'。我花了大量的时间去研究过去的法国人对东道国的生活方式产生了什么样的影响，又做出了哪些贡献。"他说，家可以有多面。"家可以是你私密的隐居处，也可以是宴请好友的地方。"杰克说，"不管你选择哪一面，家永远是你的家。一间好的厨房和舒服的卧室是最重要的。"

问问主人

问: 住在上海最好的事情是什么?

答: 过去十年最好的事情就是, 我们可以站在时代潮流的前端, 与全世界一起见证这个城市经济和社会发生的巨大变革: 中国时代将要来临, 它的最佳窗口无疑是上海。世界所有的目光都集中在中国, 尤其是上海。

问: 请用三个词来描述你的家。

答: 温暖、舒适、个性。

问: 你家窗外最好的风景是什么?

答: 从我们 11 楼的阳台南望, 上海动物园的全景一览无余。

打造家里的私人博物馆

当这位法国室内设计师看到位于新天地的公寓时，她就知道这里会是她和丈夫的理想居所，足以让他们展示收藏的艺术品、古董文物和纪念品。与艺术、古董的一段情缘，一颗富有创意的心，让玛蒂娜·萨尔法蒂（Martine Sarfatti）在上海市中心打造了一个充满艺术气息的家。

当这位来自法国的设计师见到位于新天地 130 平方米的公寓时，她就清楚的知道这里会是她和丈夫艾伦·萨尔法蒂（Alain Sarfatti）在亚洲最理想的家。"能搬来上海住，我很兴奋，一个新的国家，一段新的生活。虽

然我曾游遍了欧洲和北美，曾在蒙特利尔居住过 14 年，在洛杉矶居住了 25 年，这是我第一次来亚洲，一个对我来说相对陌生的环境。"

夫妻俩分工明确，玛蒂娜负责收拾在洛杉矶的家，艾伦负责来上海找理想的房子。在看了 40 套房子之后，终于在新天地找到了一见钟情的公寓：两间完美卧室，整洁干净的浴室，还有一间足够宽敞的客厅。"这间公寓的硬装是完美的，无可挑剔的，但是在软装方面，我们决定把房东的家具放进储藏间，里面摆放我们的家具。"她说。他们于 2010 年 10 月搬进了这里。

"我们之前在洛杉矶的公寓有 200 平方米大,现在的公寓只有 130 平方米,要想把以前的家具全部搬进这里,对我们来说,简直就像是噩梦一样。这意味着,我们得放弃其中的一些家具。"

她为在上海的家精心挑选了艺术藏品,这里面就包含了许多法国 18 世纪和 19 世纪的古董文物,营造了一种宁静奢华的艺术氛围。对于 Alain 来说,家就像是一个大容器,她可以把它打造成博物馆,将她的生活进行展览。这样做的结果就是——古典与现代,明亮与阴暗,暖色与冷色混搭在一起碰撞出的艺术火花。

室内的家具、装饰小物,还有双方家族的祖传之物,与精致复古的纺织品、插着鲜花的花瓶、大幅的油画作品,以及带有暗花纹的家具和布料,搭配在一起,一种折中主义风格油然而生。屋内的亮点装饰还有路易十五的经典家具与中国漆器饰品,在法国淘来的五个明朝时期的盘子(1386—1644),一面镀金镜子,玛蒂娜设计在贝弗利山庄生产的,还有一个 Lalique 餐桌摆饰盘。

他们没有使用传统的沙发,玛蒂娜决定将一张路易十六的沙发床进行改装。"多年来,我从设计师手里收集了很多块布料,现在终于派上用场了。我已经缝了 16 个枕头,还有一切其他的家居用品。我觉得很骄傲!"

整个家装的主色调是米黄色和棕色,然而在墙上的绘画作品中你还可以找到其他颜色,如蓝、红、绿、黄等颜色,让整个氛围活跃起来。

"我的装饰风格是将古董文物与当代艺术混搭,再搭配上各式的漂亮布料和台灯,优雅之中带有时髦感,永不过时。"她说。这种风格在她的时尚品位中也有所体现。玛蒂娜有很深厚的时尚历史知识,她独有的个人风格呈现出了低调的奢华和阴柔之美。

这种自然迷人的魅力一直延续到了主卧。他们很幸运地能找到一间优雅装修的主卧套房。屋内的木浮架与地板、门口处的玻璃衣柜搭配在一起,相得益彰,更彰显了主卧的典雅迷人的气质。

问问主人

问: 住在上海最好的事情是什么?

答: 对我来说, 得亲身体会才能感受得到。这里是新吸引极, 住在新天地非常完美。你可以随时走一走, 会感到非常的静谧。

问: 请用三个词来描述你的家。

答: 时髦、舒适、个性化十足。

问: 你家窗外最好的风景是什么?

答: 客房外的风景最美。我们可以看到来来往往的人、俱乐部会所、绿树、鲜花, 还有漂亮的建筑外观。之前, 晚上从客厅可以看到老上海里弄、高楼大厦, 仿佛在纽约一样。但是, 最近这些老房子被拆除了, 为了建一座豪华大厦。

问: 家里最喜欢的物品是什么?

答: 我的猫咪 Kiki。看着它我从不会烦。它像是一件有性格的艺术品。

现代公寓的魅力

白洁（BJ Macatulad 和杰里米·杨（Jeremy Young）夫妇，在泰安路的一间老式改装公寓住了五年之后，终于在2011年下定决心搬进一间现代化公寓，开启在上海的人生新篇章。"我们非常喜欢这些老建筑独有的魅力，但是有时它们就像是一辆老汽车，看上去很华丽，但是经常出问题，并不能提供一些方便实用。"白洁说。

冬天供暖不足，经常爆裂的水管，水压不足等等一系列的问题，在忍受了多年之后，夫妻俩决定是时候搬家了。"可以这样说，我们卖了这辆老汽车，买了一辆可靠的现代紧凑汽车。"

然而，他们并不愿放弃老公寓所具有的独特魅力，他们希望新家也独具特色和腔调。"大多数高层里的公寓非常单调乏味，我在这样的空间里住不长久。"白洁说，"我们选择中央公馆的这套公寓的原因，除了新近装修，状态不错之外，阳台上迷人的风景，可以看到前法租界区苍翠的古树，还有远处徐家汇地标性建筑。"

公寓周围葱郁茂盛的植被经常让来自菲律宾的白洁想起他们在老家时，大大的窗户外掩映着高大茂盛的梧桐树。她的丈夫杨是新西兰人。跟白洁一样，他也非常喜欢公寓里足有半间房宽的大落地窗。他把这里改造成了私人办公室。

公寓的状态不错，因此建筑布局并没有进行任何改动。夫妻俩多年来已经收藏了大量的家具，他们需要一个完全空白的空间，这样他们才可以完全按照自己的想法进行装修设计。他们确实下了很大的功夫才让这里依然感觉到家的温馨，兼具着以前老式公寓独有的魅力。一如既往，他们还是喜欢将不同风格、不同时期、不同文化的家具和饰物进行混搭。现代家具与古董文物搭配在一起，亚洲风的饰品混搭西式家具，光滑圆润的家具表面融合自然纹理和材质。

"至于整体风格，我们追求的是轻松随性、不做作，但依然精致优雅。我们可以在这里举办正式晚宴，也可以脱掉鞋子把脚跷到家具上享受自由自在的生活。我认为家居装饰应该以宜居和舒适至上为原则。我绝不打造一间'样品房'，让人觉得拘谨不敢触摸。"公寓里所有的房间风格保持一致，每一件饰品都能在其他房间找到与之相呼应的那件。每一个房间，不论是卧室、电视房兼客卧，还是客厅，都是静心怡人、温馨舒适的风格。

"尤其是主卧，在紧张忙碌的一天工作结束后，我可以放松全身。因此你在我们的卧室绝对不会找到电视或其他电子设备，也不会有挂钟或座钟。我们希望客卧有双重功能，兼具电视房的功能。因为我们不想在主卧或客厅有电视机之类的电子设备。我们特意定制了一些单子和抱枕，可以将客卧里的大号床变成沙发，我们可以非常舒服地窝在上面看电影。但是下次我们得注意了，因为这个'沙发床'太舒服了，我们每一个人在下班进家门都会直奔它而去。"她说。

然而，一些家具在这个公寓里合适，但并不一定适合另外的公寓。因此夫妻两在搬进新家后重新进行了调整。"我们确实买了很多的艺术品，因为通过艺术品的摆放来影响房间的风格，是一个捷径。我一直的最爱就是从 Soumak 买来的有戏剧效果的手工编织蕉麻地毯。它们在每个房间里都有，包括浴室。"

视觉上，这些地毯非常戏剧化，雕塑感十足，极具强烈的设计感。它们的身影在世界很多知名家装设计杂志上出现过。触觉上，裸脚踩上去非常舒服，会让人有坐下来的欲望。这些地毯非常厚实，也很重，甚至比公寓的家具还要重。有了它们，房间里会立刻变得温暖起来；有了它们，任何一种设计风格会变得更加丰满。

问问主人

问: 住在上海最好的事情是什么?

答: 人群的多样性。在上海我们有很多有趣的各行各业的朋友,从商人到波西米亚一族。世界上任何一个城市都没有这么杂糅的人群。

问: 请用三个词来描述你的家。

答: 优雅、随性、自由。

问: 你家窗外最好的风景是什么?

答: 葱郁的绿树和前法租界区的建筑。

问: 家里最喜欢的物品是什么?

答: 目前来说,是我们最近买来的油画作品,出自越南艺术家 Van Tho(由于他印象派艺术特点,人们称呼他为"越南凡·高")。他的作品颜色亮丽,充满活力,每次当我看到这些作品时,我都有一种开心幸福的感觉。

设计师夫妇打造个性化
私人博物馆

年轻夫妇王洋和周平都是非常有名的设计师。他们居住的公寓就像是一间博物馆,展示着他们的艺术生活。这对夫妇半年前搬进了这里,平稳地开启了人生中的新篇章。他们原先的公寓位于吴中路,与现在市中心的公寓比起来,显得较为偏僻。

现在,这里地理位置不仅优越,"街道两边葱郁的梧桐树成荫,我丈夫也可以继续每天的路跑。"王说。这对夫妻组合尝试着在新家里打造不同风格和格调。他们将这间 150 平方米的城市公寓改造成了一个明亮,充满活力的居家之所,里面糅合着至少有三个以上独特的装饰风格。

背景色调以白色、灰色和黑色作为主色调,其间点缀着霓虹灯般的艳丽色彩,以中和冷色基调。你一踏入房间的那刻起,你会发觉这是一座创造力的殿堂,粉刷的白墙,浅灰色地板,简约永恒的家具风格,抓人眼球的艺术饰品,所到的每一处无不协调一致。

周平在家装设计行业已经从业多年,对整体空间布局、材料和材质的选择有着独到的见解和眼光。王洋,

2007年成立了个人品牌——YAANG，主要关注于家具、家居饰品和灯具设计，以表达她独有的哲学理念和品位。她负责家里的软装部分。夫妻两个携手将这里成功地贴上了个人风格标签。对他们来说，空间的装饰设计永远不要做到极致，应该随着时间和情绪的变化而变化。

最终，他们打造出了一种古典与现代、暖色与冷色混搭，光线明暗交替的效果。所有的房间家具都很少，却是他们亲手设计，并专门找人定制而来的，利落的线条呈

现出一种简约的风格。房间里各种材料、木头、水泥、丝绸、天鹅绒和不锈钢混搭在一起，创造了一种奇迹般的效果，整个空间看起来时髦、个性十足。这对夫妻不仅打造了一种实用而不失格调的家装设计，跳脱的彩色还营造出了温和、轻松安逸的氛围。

"颜色的使用可以让空间变得更加亮堂，选择不同的摆饰可以轻易地改变空间风格。"王洋说。客厅里的图书墙是亮点，上面摆放着各种的图书，还有从全球各地搜罗而来的艺术藏品。

"我们收藏往往是漫无目的的。我比较偏爱一些设计大胆，外观新奇，带点搞怪的艺术品。只要我看中的物件，放在家里和其它装饰品也会很搭。有的时候我会将其它家具和饰品搬来搬去，就是想给它找一个合适的摆放位置。"

公寓里艺术饰品摆放向人们证明了不一定非要将物件摆在与眼睛平视的位置。它们可以高高在上，可以在下面，甚至可以放在地板上。王洋和周平精心挑选的艺术品，被巧妙的摆放在架子、边桌或墙上，给人一种意外的惊喜。

"在多年的旅行中，我们收藏了很多物件。我们觉得是时候将这些装饰小物从储藏间拿出来展示一下了。"她说。尽管房间里有多种颜色和大量的艺术品，但没有一丝一毫的杂乱、堆砌感。"我们感到非常的舒缓镇静。这些装饰艺术品每一件都蕴藏着我们的故事，每一个故事都是我们温暖幸福的见证。"

在主卧空间里，他们保证了家具和装饰的极简主义风格。"我不喜欢被太多东西围绕，因此我们强调的是放松、随性。我们希望这里是简单的，安静的。"王洋说。榻榻米房间是审美主义和实用主义的结合体。在这里，他们可以看书、喝茶。当有家人朋友来访时，也可当客房使用。

问问主人

问: 住在上海最好的事情是什么?

答: 虽然我曾离开我的家乡上海在外居住很多年，但我依然觉得这里最舒服。一切都是熟悉的，一切都是珍贵的。

问: 请用三个词来描述你的家

答: 干净、舒适、艺术范儿。

问: 你家窗外最好的风景是什么?

答: 高高矮矮的居民楼，是这个城市的精髓。

问: 家里最喜欢的物品是什么?

答: 复古的可口可乐瓶子。

宠物"爸爸"的时髦兼具实用的居家空间

当菲利普·让乔治(Philippe Jeangeorges)搬进新公寓时，他被公寓宽阔的空间、良好的采光效果、便利的设施和壮丽的城市美景所震撼。"我与四只狗和四只猫住在一起，它们是我收养的。公寓楼二层有一个巨大的花园，我可以去遛狗，很安全，这是我选择这里的另一个原因。"

让乔治在2006年底接到任务，就是来上海审计一家新创公司。2007年1月份，他抵达上海，开始了这份原本为期两个月的工作。但是，之后他没有返回巴黎，而是被这座城市的活力和文化所吸引定居了下来。很多年

已经过去了，他已经在这里与刘金文(Chris Lau)一起成立了Think Adoption Foundation，这是一个非盈利组织，宣传并鼓励人们收养动物而不是买卖动物。

他称之为家的新居是租来的。他想，既然不能随意改变建筑结构，为何不将这里打造成了实用兼具审美的"一大家人"的安居之所。他决定设计成剧院风格，专门定制了不同蓝色和绿色饱和度的画布，与"上海组合"品牌的高定窗帘搭配在一起，极好地衬托了室内家具和艺术品。所有这些细节部分让乔治花了整整三个月的时间修修改改，最终完成。

白色中性墙面为室内色彩跳跃艳丽的艺术品和家具提供了很好的舞台背景。在公寓内的每一个小角落，他都专门为这些精致的藏品打造了属于自己风格的小舞台，不论是复古饼干盒、设计师单品还是古董文物。

他多年来收藏的老家具与定制的现代家具搭配在一起，为整个空间增加了一个全新的审美维度。随性、玩味十足，让乔治如此评价他的装饰风格。"每一件家具都应有属于自己的位置。它在那里向我们讲述它的故事。定制的画布为它提供最好的背景。"

他从老家带来了一件非常重要的物件，那就是他母亲伊冯·吉耶曼（Yvonne Guillemin）手工制作的陶器。"它们都有一些年头了。有它们在身边，我才有家的感觉，才会感觉到母亲的存在。我想找到一种方式可以把所

有我喜欢的不同材质混搭起来，赤陶土、木头、瓷器、石头、玻璃、塑料、金属和纤维，所有这些搭配在一起能够达到和谐统一的效果。"

让乔治最自豪的当属客厅的设计，不仅仅是因为装饰风格。最近，他有幸能够得到法国国际知名画家让·多兰德（Jean Dolande）的几幅绘画作品。"我很荣幸能在上海举办的个人画展上认识他，我跟他谈到了Think Adoption。"多兰德决定资助一些年轻有为的中国兽医出国进一步深造学习。同时，他花了8个月的时间创作了18幅艺术作品，均以动物弃养和动物收养为主题。

"这个主题意义让我对这个房间有了特殊的感情。这一切就是我的生活该有的样子——精心的设计、老家具里的上海历史，还有专门为动物创作的艺术作品。"

他有很多宠物，因此室内的物品要实用方便至上，但又不乏时髦感。家里所有的纤维制品都是"上海组合"的特制聚酯纤维，结实耐用，不易损坏。"我还发现聚酯纤维还是非常好的温度调节器。随着季节的变化，可以有效地保暖保冷。从细节处保护尊重我们的地球很重要。这对我来说绝对是一个意外的惊喜。"

由于让乔治在家里办公，对他来说，划分不同的功能区至关重要：休息区、用餐区和工作区。所有休息的区域以靛蓝色为主，餐厅则是孔雀蓝。书房宽敞明亮，绿植环绕，看过去满眼清新的绿色，工作起来亦充满能量。"我尝试打造一种清新的装饰风格，当我在书房工作时，我也能感到这种清新的感觉。"

问问主人

问: 住在上海最好的事情是什么？

答: 上海是一个永不停歇的城市，创意的源泉从不间断。

问: 请用三个字来描述你的家。

答: 充满爱。

问: 你家窗外最好的风景是什么？

答: 夜晚的黄浦江上五颜六色的船只来来往往。

问: 家里最喜欢的物品是什么？

答: 我能说所有的这些吗？或者我可以不回答这个问题，因为每一个都是不可或缺的。

城市里的"诗意芭莎"

当代家具、时代代表作、艺术品、家居饰品混搭在一起，朱莉艾特（Juliette）和王佳伟（Xavier van Gaver）在上海的复式公寓完美呈现出东西合璧、老新结合的风格。三年前，这对法国夫妇和他们的三个孩子很匆忙地搬进这间140平方米大的公寓。他们之前公寓的房东卖掉了房子，只给了他们两个星期的时间搬家。短短10天里朱莉艾特看了40套公寓，最终决定搬进这间新装修的公寓。这里有着良好的采光效果和布局，重要的是位于市中心的地理优势。"然而，公寓的新装修很可笑、很难看，我们得重新处理一下。"她说。棕色皮革墙面，一扇大大的深色木门将空间割裂开，客厅中央还有一个酒柜，上面的架子空间又窄又小，只有放酒瓶子的空间。"每一个细节处理都让整个空间和采光大打折扣。"她继续说。

经过沟通，朱莉艾特让房东将里面所有的家具和饰物全部搬走，将墙面粉刷成纯白色。"我们希望这里有我们

的个人风格，我们想打造城市里的'诗意芭莎'。"她说。白色墙面作为背景，女主人精心布置了不同风格的家具。不同颜色、不同材质和旅行中收藏的饰品搭配在一起，让原本平淡无奇的空间具有了诗意一般的气质。

朱莉艾特从来不用花很长时间去调整适应新环境，很快就打造出了一个玩味十足的家。她的个人风格早就在不断搬家的过程中打磨到极致，这一次她又证明了这一点。"过去我们经常搬家，家里的每一个物件都有自己的'灵魂'，也隐藏着我们家的故事。根据手头现有的这些资源，我们可以有很多种改造我们家的方式。"

朱莉艾特喜欢用一种装饰拼接的方式将他们的回忆串联起来，比如，照片、老相框、祖传的家具、旅行得来的饰品和朋友的中国风绘画作品等等。"我可以创作一个又一个的小场景，每一个小场景在讲述一个故事。

我喜欢这个'装饰故事'创意点子,眼光所及之处都能看到一个故事。"她说。

在这种拼拼接接,零零碎碎的装饰中,和谐统一是最重要的。白色背景墙给公寓带来一种清新透气感,阳台的玻璃滑门可以让更多的阳光洒进来。家具的主色调是一致的,于是她开始玩转不同的颜色和不同的图案搭配在一起,打破白墙的千篇一律感,营造出一种温馨灵动的氛围。为了突显家的温馨感,她采用了不同形状和图案的枕头。她最爱的当属由童雅梅(Armelle Wu-Dandrieux)和康晓云(Catherine Sayous)创立的工作室——Tsai Yun 的出品。

客厅高贵典雅的气质,非常适合招待客人,同时又会让人感到家的温馨舒适感。深色木质橱柜对比纯白墙体,呈现一种戏剧效果。简约大气的外观可以优雅地衬托一排排艺术品的芥末黄、亮绿、橘色、米色和灰色。朱

莉艾特深爱着她的家具和装饰品,从没有想过要抛弃它们中的任何一个。然而事实上是,每隔一段时间她就会买回新的装饰品,之后为了给新的装饰品找到一个合适的地方,她会将家具进行重新调整。最近她淘到了一间艺术装饰风格的沙发椅,放在餐厅里,效果非凡。简约利落的线条和绿色的纤维布,简化了房间的拥挤感,带来一种令人镇静舒缓的气氛。

无疑,在这里,艺术之美充斥着整个房子。从法国艺术家麓幂(Christian de Laubadere)的油画作品,到从台湾带回来的韩国艺术家的作品。"我们每一件艺术品都是从一个美好的相遇开始,最后成为友谊。我最近深深爱上了一张微妙充满诗意的蝴蝶摄影作品,名为《Les Eclaireurs》,出自法国天才艺术家常易(Christian Chambenoit),这幅作品曾在 Company 工作室举办的'Cabinet de Curiosites'展会进行展出。"

问问主人

问:住在上海最好的事情是什么?

答:任何事情都有可能。充满了正能量。

问:请用三个词来描述你的家。

答:舒适、玩味、优雅。

问:你家窗外最好的风景是什么?

答:可以很神奇地同时看到老上海和超现代的上海。

问:家里最喜欢的物品是什么?

答:我没有最爱,我都爱它们!

设计一间最能体现上海
折中主义的公寓

这是一间典型的浦东新区高层里的公寓毫无特色可言，也没有足够的储藏空间。他决定做出改变。"我从我最爱的家装公司得到了建议，他们向我推荐了设计师小贝（Baptiste），并与他取得了联系。多家家装杂志和报纸都对他做的项目设计做过专辑报道，因而我对他印象深刻。"Chen 说。小贝（Baptiste Bohu），法国设计师，因其善于结合古典与现代元素，中式与法式风格，优质与原始材料而闻名他接手了这个带有挑战性的项目，要把这个原本平凡无奇的空间打造成一个有趣的公寓，同时拥有较多储存空间。

主人的需求是能够同时体现上海的过去和现在。"同时我们希望我们的家兼具实用性和艺术性。"Chen 说。Chen 的家庭有着国际化背景。他们融合着中西方的生活方式，因此将两个世界的风格相结合也是同等重要的。Chen 是世界上最大的国际律师事务所之一的合伙人。几年前，中国在与 WTO 接轨后，更加支持科技和制药公司的跨国业务，以及关注知识产权纠纷，他那个时候从硅谷搬来上海居住。"他的办公室在外滩。他对装饰艺术风格的建筑和内装颇有好感，因此他的要求之一就是将这些元素囊括进去。另外，他有很有趣的多

文化多艺术风格的收藏品，在做内装时，这些艺术品的摆放和搭配也要考虑进去。"小贝说。从材质和颜色的选择，到家具和艺术品的陈列，在小贝的魔法下，整个空间的设计彰显着主人卓尔不群的格调和品位，温馨舒适，每一个细节无不经过细细打磨。

"内装风格是都市化的、时髦的、融合了东西文化，以及一些艺术和装饰艺术风格的元素。我觉得入口处绝对是整个房子最大的亮点。在经过改造之前，它只是客厅和餐厅之间的一个通道而已。我很喜欢房子有一个入口，因为我觉得它们很重要，它们可以奠定整个空间的主基调。"这位法国设计师说。于是，他重新设计了公寓的布局，打造了一个入口，亲手设计了有着几何图形的马赛克地板，完全按照百年前外滩建筑的风格来进行装饰，令它看上去非常的真实。

"这个地板我们前后重新做了三次才达到了满意的效果。天花板上开了一个人造天窗，安装了 LED 灯，还有装饰艺术风格的图案，也是为了与外滩建筑的入口风格保持一致。"内装风格是不同时期不同艺术形态的完美融合"你可以看到中世纪时期的座椅和家具，一些具有法国装饰艺术风格的中式花瓶、现代感十足的沙发等等。这里没有统一的风格，相反是各种风格的艺术相融合。"小贝着重强调道。这间公寓面积并不大，小贝决定用细节凸显它的精致。例如墙纸是灰色丝绸，并用黑色天鹅绒包边，与每个房间的丝质窗帘进行搭配。

屋内的脚线亦经过设计定制。"我们考虑到，由于对屋内织物的选择经过仔细掂酌，这间公寓本身就已经像是一件时尚设计单品。基础色调是中性色之中带有不同饱和度的灰、白和黑。还有来自装饰物和艺术品的颜色作为点缀。在餐厅区，他们选择了淡绿色皮质餐椅，这样的选择非同寻常，但是效果却惊人，它与房间内的两幅油画相当的搭配。在主卧，小贝选择了淡粉色，书房有了竹材元素更显温馨。Chen 女儿的房间天蓝色之中带有深粉色的线条。

不同饱和度的颜色为空间增添了情趣，营造了一种品位

不凡的格调。"在上海找家具不是一件容易的事，并且主人要找的家具非常具体，也很讲究。所以很自然的，我亲自动手设计。房子里的每一件家具几乎都是我设计的，之后这些设计也成了我的设计工作室——BB 发布的最新一期家具系列中的一部分。设计师最满意的是主卧，餐厅和入口的设计。"我觉得这些房间完美地呈现了我的设计理念和 Chen 以及家人的需求。我很满意它一方面都市化，优雅高贵；另一方面又温馨舒适，有一种家的归属感。"

Chen 有许多令人赞叹的艺术收藏品。其中有一些是他认识的艺术家的作品，他们来自西安、北京和上海。还有一些是他在日本和欧洲旅行时收集而来的。"我很开心 Chen 的艺术品得到了完美地展示，因为这是他的要求之一。公寓里的每一个元素，小到门把手，为了达到满意效果，都是 Bohu 亲手设计或打造的。他知道如何达到完美的效果，而不显拥挤堆砌。" Chen 说。

问问主人

问: 住在上海最好的事情是什么?

答: 见证并参与了世界领先大都市的发展。

问: 请用三个词来描述你的家。

答: 艺术、设计、观点。

问: 你家窗外最好的风景是什么?

答: 金桥碧云 (Green City) 的别墅区全景、汤臣高尔夫球场 (Tomson Golf Course),还有远处的世纪公园和上海塔。

问: 家里最喜欢的物品是什么?

答: 法国艺术家 Val 的雕塑吊灯。

陌生地上的新家园

这间位于市中心的明亮复式公寓简约而又温馨。房主是一户丹麦人家，他们利用形状特异、质地不一和色彩丰富的元素为别墅打造自由的气氛和感觉。

一年半前，由于丈夫雅各布·格雷格森·克拉夫（Jacob Gregersen Kragh）的工作变动，利斯贝斯·克拉夫（Lisbeth Kragh）也随丈夫一同来到上海生活。"我很喜欢在丹麦的大城市中生活。上海充满活力与激情，我们知道想要熟悉上海的一切并不容易。不过幸运的是，我们在专业的指导下，走遍了上海不同的街区，同时也坚定了要生活在城市中心的信念。"她说道。

利斯贝斯在搬到现在的公寓之前曾住在新天地。"尽管我们之前也曾生活在上海中心，但我们更喜欢这里安静的气息与舒适的环境。"对我来说，一个理想的家就是你不仅可以在这里进行日常生活，还可以与朋友家人一起聚会。我们有两个孩子，一个十几岁，另一个是也马上快十岁了。他们也需要隐私和朋友们玩耍的空间。"利斯贝斯解释道。

他们的公寓有很大的儿童空间、若干个浴室和一个客厅。这些都给他们足够的空间。"我们的公寓还有一个大型的屋顶露台，让我们不必离开房子就可以感受到外面的空气。所有的房间都有大窗户，为室内带来充足的日光。"

然而，在他们第一次来看这座房子的时候，他们差一点就否定它了。"之前的主人在这里住了很多年了，要想清除他们的居住痕迹，那将是巨大的工程。"利斯贝斯说道："当时我们一直在思考这所房子是否有翻新的价值和可能，不过现在我们庆幸没有放弃它。"

对于利斯贝斯来说，这所房子其中一个缺点是地板的颜色。木质地板虽然深色的，但是中间带有一丝红调。"如果地板是全黑色的就更好了。厨房的内部过于陈旧，但幸运的是它是以白色为基调，所以很容易与任何东西匹配。"利斯贝斯说道。

由于公司的要求，他们来到中国的时候没有带任何家具，只从丹麦带来了的几张图片，几本书和几张垫子。"现在

房间里的所以物品都是我们到这里现买的。在空无一物的新家里进行装饰设计，将这里打造出家庭的温馨氛围是很具有挑战性的。不过我认为我们处理得很好，就连我们的孩子们都说这里有家的感觉。这正是我想达到的目的。"利斯贝斯说道。

她认为室内风格是波西米亚风、北欧风和中国风的混合。北欧风格意味着简单、浅色、柔软、木质感和轻盈。她说："我喜欢这种新旧混合体。我在上海最喜欢做的事情之一就是在市场中寻找到中式家具和装饰品。

利斯贝斯选择的家具颜色都很简单。她希望自己的家能够看起来尽量简单整齐，再用艺术品和鲜花做以装饰。利斯贝斯认为每个房间，特别是露天阳台，都应该有花。"我想我是为了努力弥补没有花园的遗憾。我想在家中创建绿色空间，使大自然成为我们家的一部分。"我的家中布满了鲜花，也放置了很多坐垫。我认为有了鲜花和坐垫的装饰，家更有温馨的氛围。我在墙上挂上一些艺术品，希望可以引起一些客人的注意。"其中的一件艺术品出自于丹麦艺术家凯瑟琳·艾特卑尔根（KathrineÆrtebjerg）之手，是利斯贝斯妈妈送给她的礼物。利斯贝斯格外珍惜这幅画，这幅画也是她从丹麦带来的少数画作之一。"我一直在寻找新的艺术品我对艺术品没有任何特定的艺术家或流派的偏好，但是我认为艺术品至少应该蕴含着某种故事，这也是作为欣赏者的我所需要试图寻找的。我们的家不断地在发生变化，有时会添加几件新的装饰品，有时只是将小件物品从一个地方搬到另一个地方。"

问问主人

问: 住在上海最好的事情是什么?

答: 它的灵动。这座城市总充满活力。每次我都会骑上
我的自行车, 环视周围的新鲜事物。

问: 用三个词来描述你的家。

答: 平静、舒适、清淡。

问: 你家窗外最好的风景是什么?

答: 邻居和树梢。

问: 家里最喜欢的物品是什么?

答: 我的中国鼓。

前法租界里的"绿洲"

丹麦时尚设计师迪亚·库迪拜尔（Dea Kudibal）在回国前决定体验一下真正的上海生活。她退掉了位于浦东新区陆家嘴的豪华公寓，年底前在法租界核心地区找到了一间同样现代但更具格调的公寓。

"之前的公寓设施齐全，能够很好地满足家人的需求，但是我想在浦西区设立一间 Dea Kudibal 品牌服饰展示厅。我们发现这间公寓新近装修，不仅有作为展示厅的空间，作为居住用所也是很完美的。"她说道，"我们毫不犹豫地搬了进来，省去了在家和工作室之间来回奔波的时间。"库迪拜尔说她选择前法租界区设立工作室是为了给品牌的私人客户提供方便，公寓的周

边散落着温暖、有格调的咖啡厅和店铺，她的家人们爱上了这个地方。"我非常喜欢房主做的公寓改造工作，简约大气的斯堪的纳维亚风格，让我们一踏进门就感受到家的感觉。"

夫妻俩非常喜欢屋内的浅色木地板和木横梁，让人感到温暖舒适。"房间里永远充满阳光，让人感到非常有活力。我喜欢这里的地暖系统，还有卧室里隐藏式橱柜。我很肯定地说，等天气变暖时，我们会更加喜欢我们的阳台。

房子的结构是完美的，因此库迪拜尔没有做任何的改动。"新房子就是这样，你只需做一些"有趣"的事

情进行点缀即可，比如一些有品位的家具、可爱的垫子和鲜花。

这位来自丹麦的设计师在室内设计中依旧保留着中性色调，和斯堪的纳维亚的简约风格。对她来说，营造一种令人放松的亲密感是关键。"我想保持一种简单干净现代的风格，由于这间公寓跟之前的比起来稍小一些，我们在挑选家装时试着去做一些筛选，这对我们来说并不容易，但是我很享受这样简单的生活。"

库迪拜尔依旧保持中性色调风格，柔和舒缓，让人放松，也为她的艺术收藏品和设计单品提供了很好的背景衬托。客厅空间稍小一些，设计风格简约、实用。库迪拜尔已将部分丹麦家具运回国内，但是留下来的全部是"珍品"。"客厅沙发旁的 PH 灯是哥哥送给我的圣诞礼物。这是丹麦设计师保罗·汉宁森（Poul Henningsen）的经典永恒之作，因此这件艺术品我将永远珍藏。"

库迪拜尔坚持传承本国的传统文化，家里摆放的餐具、针织枕头和毯子均出自丹麦设计师之手。她最爱丹麦艺术品的简洁设计，前卫与经典完美结合，近距离仔细观察会发现一些可爱的设计细节。公寓里当然也会有一些中国的元素。中国长凳完美地融入了客厅的简欧

风格中。白蓝的青花瓷器为主卧增添了东方神韵。"我确实很喜欢将现代艺术和古典艺术结合。因为我发现对比混搭很有趣，比如，古典艺术柔和的线条与现代设计硬朗的线条的对比。我还喜欢用花来装点房间，带来一丝自然的气息，营造一种温暖、舒适的氛围。"

餐桌旁的开放式厨房设计新潮，前卫。"在这里我们会更有一家人的感觉。我们做饭时，我们的儿子在一旁的餐桌上读书，边做饭边阅读边聊天时会更能感受到家的温暖。我儿子很快适应了新家的环境。我们扔掉了很多他不玩的玩具，现在更多地会做一些户外运动，比如在小区周边骑行。"

从公寓的阳台上看出去，会看到绿树成荫和前法租界的典型建筑。"在丹麦，我们有一个词'hyggeligt'，意思是舒适。我希望我们的阳台可以和其他房间一样温暖舒适，因此在阳台上我们放上了家具，铺上了毯子，还摆放了鲜花和棕榈树。我们房间风格都是简单色调映衬简单的主题。上海这个城市很忙，我很希望在外面'战斗'一天之后回到家里的这一片'绿洲'。"库迪拜尔说。

问问主人

问: **住在上海最好的事情是什么?**

答: 最美好事情就是和家人在一起, 努力着我们共同的事业: 在中国发展 The Dea Kudibal 品牌。我们在这里共同度过了很多时光, 经历了一些挑战, 也分享了成功的喜悦。

问: **请用三个词来描述你的家。**

答: 舒适、放松、整洁。

问: **你家窗外最好的风景是什么?**

答: 我们的公寓四面都有窗户。我们可以看到对面楼上当地中国家庭的阳台。我们每天能够看到他们和晾晒的衣服, 日子久了, 我们仿佛成了熟人一样。这种感觉很奇妙。

问: **家里最喜欢的物品是什么?**

答: 我最心爱的当属 PH 灯, 是由丹麦设计师保罗·汉宁森设计的。

世界各地艺术品成就
静谧之家

温馨的暖色调，来自全球各地的艺术品，充满阳光的房间，这间藏在前法租界区上海里弄里的公寓成了最完美的家。费莉茜·科尔·勒布朗（Felicie Corre-Le Blan）和让·巴蒂斯特·勒布朗（Jean-Baptiste Le Blan）夫妇将复古家具和最新现代技术结合在一起，打造了舒适宜居之家，成为了他们和孩子们在忙碌的工作学习之后的避风港。"找到我们喜欢的居所很不容易，"费莉茜说，"我们想要一间舒适但独具特色的公寓。"

"幸运的是，当我们第一眼看到它时，它给了我们一种家的归属感——一栋小楼里的复式公寓。它位于武康路一个典型上海弄堂里。公寓状态良好，只是有一些细节需要修饰，比如过时的灯具、窗帘，还有已经磨亮的木地板。但是我们最爱主卧旁边的露天平台，还有宁静安详的里弄和街道。"费莉茜说。

他们保留了公寓原本的布局，只是按照个人品位对公寓进行了装饰。第一项改造工作就是将餐厅粉刷成绿松石颜色，客厅淡绿色，主卧粉青色。"虽然我们住在上海，但是我们还是想打造成家乡的风格——法国巴黎风：古董物件结合现代家具和民族风单品。"费莉茜说道。

费莉茜和勒布朗将在上海的公寓称之为"家"，他们已经在这里住了一年半的时间。他们以对细节的重视，以及用工匠般的精神打造了一间现代感十足，但又轻松随性的公寓。夫妻俩承认他们非常在意家里的饰物摆设，并且他们两个的装饰品位很一致。客厅里满是从巴黎带来的家具，而餐厅则是"20世纪60年代迈阿密风"，绿松石的墙面、五彩的家具和费莉茜的父母在70年代从美国买回来的摄影作品。

她最爱的物件有：几年前从巴黎附近著名的古物市场St Ouen puces淘回来的50年代的台灯桌、一张有名的Eames躺椅、美国涂鸦艺术大师JonOne的艺术作品，还有他们的朋友，巴西插画艺术家菲利佩·雅尔（Filipe Jardim）的绘画作品。

"每一件家具和艺术品都经过我们精心的挑选。有一些异域情调的物件是我们在非洲或南美旅行时带回来的。"费莉茜解释道,"即使我们距离巴黎万水千山,但我们能有到家一样的熟悉感对我们来说很重要。如果不将它们带来,我们会非常失落。"她继续说道。

一些物品会唤起微妙的感情触碰,比如照片或家传之物。这些在费莉茜家中随处可见,也让这个家看上去不那么冷冰、刻板。他们尽力去打造一种独具个人风格的空间,避免过多使用一些随处可见的经典单品。

孩子们的房间在客厅一旁,阳光充足、充满活力朝气,搭配着彩色的窗帘,还有拉在墙上的一条细绳,他们可以夹上他们喜爱的照片、明信片和泰迪熊。

楼上是图书室,同时也是办公室和孩子们的游戏区,是一个非常私密的空间,书架上摆放着艺术品和孩子们的绘画作品,墙上挂着一面老式美国国旗,窗前放着一张舒适的扶手椅。费莉茜为主卧选择了粉青色作为主色调,带来一种时髦悠闲之感。

主卧外面是一个宽大的露天平台,夫妻俩喜欢在那里放松,天气暖和时坐下来小酌一杯。他们真的可以坐下来品一杯至醇的红酒,庆祝他们成功打造了一个舒适实用又不失时尚感的家。

问问主人

问: 住在上海最好的事情是什么?

答: 在前法租界区梧桐树掩映的街道上骑行, 在世界上发展最快的城市里生活。

问: 请用三个词来描述你的家

答: 多彩、舒适、温馨。

问: 你家窗外最好的风景是什么?

答: 20 世纪 30-40 年代的老建筑。

问: 家里最喜欢的物品是什么?

答: 几年前, 在巴黎附近著名的古物市场 Clignancourt 买回来的 50 年代台灯桌。

历史住宅

20 世纪 30 年代的老公寓，意大利设计师的家

在上海市中心，意大利设计师多米蒂拉·莱普里（Domitilla Lepri）用她的一双妙手改造的空间，温馨，暖意满满，家里的每一个细节，每一个物件无不透露着主人多彩活力的性格。

当她刚来到上海时，这间 75 平方米的公寓，位于襄阳南路，靠近巨鹿路，绝佳的地理位置让莱普里觉得非常有投资价值，但她却选择住在永福路的一所房子里。有一段时间，她住在她的家乡罗马的日子居多，当她搬回上海后，很明显这栋 20 世纪 30 年代老楼里的公寓成了她的新家。

房顶精致的雕花图案、漂亮的脚线造型、三面墙上的老窗户，以及挑高的房顶让她深陷其中不能自拔。她对公寓的要求很严格：空间大小合适、有历史沧桑感的老建筑里，有良好的采光效果，窗外风景美丽且魅力十足。让莱普里最终决定购买它的正是这间公寓具有历史感。"它的细节依然保存完好，但是我得在布局上下一番功夫，因为这间公寓没有厨房。"

在这位职业建筑师的妙手下，一间有格调兼具实用性的公寓诞生了。整个空间被打开，每个房间都保持了自己的私密性，而不显拥挤。"我的内装设计现代、雅致。

这是一间小户型公寓，我尽量去营造一种舒适、温馨的氛围。"

莱普里喜欢使用白色作为背景，这样她就可以玩转色彩。"我钟爱蓝色，喜欢将不同色调的蓝色混搭在一起，这样每个房间里都会有饱和度不同的蓝色细节。"

客厅是整个公寓的中心，也是莱普里招待朋友的地方。一个大大的橱柜占了整整一面墙，里面陈列了各种各样的艺术珍品、油画、图书、花朵，还有旅途中收集来的"大事记"。她把这面墙用强烈大胆的颜色与四周形成鲜明的对比。

客厅里抱枕和织物，精巧别致，不同的颜色图案搭配在一起，给人带来一种感官上的愉悦和享受。柔和温暖的灯光为客厅平添了一种舒适的温馨感。"我喜欢这里的大餐桌，这样我可以邀请朋友过来相聚。"

对莱普里来说，客厅的焦点是黑白图案的地毯。"在我怀我的小女儿七个月的时候，我带着我的两个大女儿去北京拜访朋友。我在北京的旧物市场里发现了它，毫不犹豫地就将它买下。这是一个基里姆毛毯，很沉。我的两个大女儿，一个五岁，一个三岁，帮我搬着这块地毯在机场里跑来跑去，直到我们回到上海。"客厅里有一个小小的走廊直通到厨房。

相对于这间小户型公寓，厨房的面积算是很大的了。但是莱普里说她不经常下厨房。"我是意大利人，有机会我也会偶尔下厨做饭。但是我的厨房必须要和其他空间分开，因为我不喜欢打扫清理，这样的话我可能会留到第二天再去整理。"

厨房的旁边是小巧可爱的浴室，里面有一个古典气息浓郁的浴缸。"我喜欢浴缸，而我丈夫喜欢淋浴，所以我们各取所需。我还需要一个大大的台面可以摆放我的日用品，还有一些鲜花或装饰品。"

主卧在客厅的另一端，布置得很温馨、舒适，处处体现着莱普里对艺术与美的热爱。正对着卧室的门陈列着Lepri收集的各式项链。蓝色依旧是卧室的主色调。"我深爱着这个颜色，从淡蓝到深蓝，各种饱和度的蓝色，只要是蓝色调我都爱。"

莱普里希望自己的公寓风格简约清新，兼具当地文化色彩。"多年以来，我为其他的房子购买过很多的艺术品，而这间公寓我希望保留与中国文化相关的藏品，从中国书法到西藏的画作，还保留了我最爱的叔叔为我作的油画作品。"

她的装饰风格会随着年龄的增长而改变。"我会经常增加一些物件，或升级某些物品。房子的改造是一个漫长的过程，可能会持续多年。"

问问主人

问: 住在上海最好的事情是什么?
答: 活力。在这里一切皆有可能。

问: 请用三个词来描述你的家。
答: 温馨、实用、有活力。

问: 你家窗外最好的风景是什么?
答: 老式红灰砖房、里弄房, 从厨房能看到整个静安区的美景。

问: 家里最喜欢的物品是什么?
答: 我的图书馆和玉盘。

宽敞明亮的居家空间

梅特·赖因霍尔特·伏戈尔（Mette Reinholdt Vogel）租的公寓阳光宽敞，尽管楼表斑驳，留有历史的痕迹，但公寓内部极尽舒适、温暖。

公寓坐落于法租界内，地理位置优越，环境宁和安静，真正打动这位丹麦女士的是公寓开放式的设计，以及良好的采光效果。幸运的是，公寓的主人思想开放，房客可以根据自己的喜好对公寓进行改动，伏戈尔才得以根据家人的需求将公寓内部布局重新改造。

在搬来上海之前，这个丹麦家庭住在哥本哈根一幢建于1927年带有小花园的古老的房子里。伏戈尔多年以来在市中心经营着一家名为"Salon Zisar"的美发沙龙。

她卖掉了她的沙龙，毅然地跟随爱人来到上海，开始一段崭新的生活。四个女儿留在了哥本哈根，15岁的小儿子则跟随夫妻俩来到了上海。

"在丹麦的时候，我们对装饰店铺和家一直抱有很大的热情。来到上海之后，我们想找一个开放的、现代感强的公寓，采光效果好、安静，同时足够宽敞以便我们的女儿来访。之前看的公寓我们都不喜欢，直到看到这间公寓后，我们发现它很有趣，我们可以和当地中国人住在一起，并成为其中一员。住在这里最好的就是我可以改变内饰风格，以及空间布局。开放式厨房可以和客厅连接起来。"伏戈尔敲掉了两间屋子之间的墙，将厨房一直延伸到客厅，这样让空间有了更加开放、宽敞的感觉。她还将传统门换成了高大的拉门，这样更多的阳光可以投射进来。在厨房里，她没有采用笨重的陈列柜，而是选择了开放式的厨架，契合开放式厨房的设计，还能展示主人收藏的各种潮品。

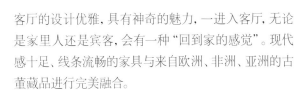

白色、黑色、暖黄色奠定了公寓内部的基调。"我一直对大自然和它的颜色着迷，还痴迷于手工制作的物件。虽然我从来没有带有目的性去收藏某些物件，但公寓内'自然的颜色'和我的'偶然发现'搭配在一起是那么的相得益彰！"伏戈尔说。

她希望在公寓内营造出舒适、轻松的氛围。"我们全家去过很多国家和地区旅行，我们尊重来自世界各地的设计和手工艺，我想在室内装饰时体现这一点。我尤其喜欢非洲面具，这些是我多年前收藏的。搬到上海后，我买了另外一个大面具。我认为不同文化的融合对于优质、均衡的设计是至关重要的。我喜欢在不同地点看到这些非洲雕像，这也是我喜欢将它们一直搬来搬去的原因，从来不会将它们放在同一地方超过一个月。"

伏戈尔将她最心爱的装饰藏品从哥本哈根带了过来。"不管我住在哪个城市，我几乎会带上我所有的装饰藏品。大件家具可以轻易替换，但是装饰品却不同，这些都有很高的个人价值，且独一无二，丢失了就再也找不回来。"她解释说。

伏戈尔有几件体积较大的藏品，如两个古董法国镜，她觉得有必要带到上海的新家。"我冒着被损坏的风险将它们托运到上海，庆幸的是，除了几道划痕和几处磕碰之外，完好无损。我很开心它们的到来给家里增添了一些些特别。"

客厅的设计优雅，具有神奇的魅力，一进入客厅，无论是家里人还是宾客，会有一种"回到家的感觉"。现代感十足、线条流畅的家具与来自欧洲、非洲、亚洲的古董藏品进行完美融合。

主卧的设计体现出实用性的特点，只是简单地用来睡觉、阅读。书房空间虽小，但经过改动就可以作为一间客房来用。挨着书房的是伏戈尔小儿子的卧室。"他对室内设计也很感兴趣。他买来一些老学校的海报，在上面加上类似于古董钟的元素。他同时还对鞋和服装的搭配感兴趣。他手绘了一面墙，让整个房间看起来更加舒服。"

伏戈尔的最爱当属厨房里的枝形吊灯。"我喜欢到处收藏家装'珍品'。可能是在某个市场或店铺,看到时很喜欢,冲动之下就会将它们买下来。我喜欢将新的和旧的、便宜的和贵的融合在一起。"

"由于我们有五个孩子,所以家具和装饰品的实用性显得尤为重要了。家里不能成为博物馆或者展馆。我们应该能够自由地使用这些物件。"

问问主人

问: **住在上海最好的事情是什么?**

答: 你可以找到你想要的所有的东西, 虽然有时很难。也许是因为我还在学习阶段。这里气候四季分明, 冬天并不是很冷。这是个繁忙的城市, 每天都在发生着变化。庆幸的是我们住的地方很安静。这里的店铺和人们对我来说帮助很大。

问: **请用三个词来描述你的家。**

答: 阳光、舒适、放松。

问: **你家窗外最好的风景是什么?**

答: 树和窗外的一切。

问: **家里最喜欢的物品是什么?**

答: 从南法市场上带回来的吊灯。

黄金单身汉打造最佳聚会之家

好莱坞制作人及艺术家米迦勒（Michael Lechner von Leheneck，中文名龙胤熙）先生因其优越的地理位置和装饰艺术风格爱上了老上海最显赫的公寓楼——Grosvenor House。八年前他搬进了位于茂名路的贵宾楼里，并邀请王心宴女士（Cathy Wang）作为设计师，将公寓打造为舒适、经典而时尚的居住空间。

"对米迦勒的了解起了很大的作用。"王心宴说，"对于设计师来说，了解客户的背景和个性可以有效地将他的个人品位和我的设计风格结合起来。"王心宴说贵宾楼建筑本身带有很强的风格特点。它建于1928年，过去经常在这里招待各国元首。"里面有最华丽精致的装饰艺术风格。厚厚的城堡一样的墙体，原色的木地板，挑高的屋顶，这样的空间非常适合重新改造。"

龙胤熙正在制作他的下一部电影《Sea Fever》，由乔治·克鲁尼和布莱德·库伯主演。他在世界上很多城市居住过，维也纳、日内瓦、纽约、洛杉矶，还有上海。王心宴说她想将空间打造为男性阳刚气质中点缀着些许的女性阴柔之美。

客厅的颜色选择的是橄榄绿，其他空间则是浓烈鲜明的色彩。这样的选择很适合主人的品位。"我从小在奥地利的古宅和城堡中长大。这些颜色勾起了我儿时的回忆。"龙胤熙出生于奥地利南蒂罗尔贵族家族。客厅的主品是两张棕色皮质沙发，颇有传统英国绅士俱乐部的风格，一个巨大的铝制的树干，装饰有皮质的细节部分。还有两张法国18世纪路易十六的座椅，为客厅增添了高贵的法国贵族气质。

墙上悬挂着好莱坞著名影星的黑白照片，比如梅格·瑞恩，李小龙，汤姆·汉克斯，安吉丽娜·朱莉等等。这些照片是龙胤熙作为电影制片人的职业生涯的见证，其中一些照片甚至可以作为艺术作品收藏起来。

王心宴在装饰设计中还使用了主人亲手绘制油画作品和其他艺术作品。他的艺术作品的落款是他的中文笔名"龙吟西"。"这些照片绘画和油画作品非常时尚，具有很强的装饰效果。与传统油画作品比起来，更有时尚大片的感觉。这些作品，对于家装设计师来说，比如我，接受了时尚和时尚业很深的影响，使用起来非常得心应手。"

卧室里的颜色采用的是珊瑚红色调，白色的窗帘为空间增加了感性和纯真之感。房间里还装饰有菲利浦·斯塔克（Philippe starck）设计的金色桌灯，还有他为Fendi品牌绘制的一些手绘图。

餐厅主色调为黄色，点缀着些许的桃粉色，与黑色家具搭配起来非常的和谐。一座金兵马俑放在房间角落里，墙上满满的好莱坞明星的黑白照片为空间注入了更多的个性。

王心宴说在她的职业生涯中她最享受的就是接受这样的挑战——在保留古老元素的基础上创造出现代感。这位加中混血的设计师介绍说她将自己在上海的里弄房改造成了时尚奢华的静居处，为此她赢得了2013—2014的亚太家装设计大奖和一些其他的荣誉。

问问主人

问：**住在上海最好的事情是什么？**

答：这个城市和人们生活的节奏和动力。

问：**请用三个词来描述你的家。**

答：很棒的地理位置、厚实的墙体、城市公寓。

问：**你家窗外最好的风景是什么？**

答：绿色的花园，还有花园酒店的网球场。

问：**家里最喜欢的物品是什么？**

答：菲利浦·斯塔克设计的枪灯。

复古与摩登的完美结合

古典艺术品与现代灵感结合，产生出一种艺术之美，及带有戏剧般夸张的效果，完美地融入了这间位于上海市中心的公寓里。来自法国的知名室内设计师小贝（Baptiste Bohu）幸运地成为了这间 220 平方米上海老公寓的主人。当他从他人手里接过这间公寓时，它被前人保养得很好，一切细节完好如初，比如地板、脚线、门和门框。对于小贝来说，这间有着年代感的公寓真正吸引他的是一些古老的元素——挑高的天花板、鲱骨花纹的木地板、石膏花饰、拱顶、门的细节等等。

"第一次走进这间公寓时，我就喜欢上了门口和长长的走廊，这是典型巴黎风格的公寓布局。"小贝说，"我

之前的公寓是一间顶楼寓所，全开放式，现代感十足。所以这次我想找一间风格完全不同的公寓，有很多房间，且带有一些私密性。在上海住了十年，我非常怀念巴黎，想在这儿营造一种巴黎的气息。"他继续说道，"现在看来是很成功的，朋友来到我家后都觉得在'异国他乡'。朋友们喜欢这种既复古又摩登、年轻的感觉。这不是对古典艺术简单无聊的展示，而是紧随现代时尚潮流的步伐，并将之融入其中。我很年轻，虽然我很喜欢古典艺术，但是我还是生活在现代。"

他说从公寓入口处进来时，整个空间的亮点是长长的走廊。每当他在家举办晚宴时，他会在走廊两边点满

蜡烛，让宾客一进来就能感受到十足的夸张戏剧之感。在欧洲和中国生活的经历陶冶了他的艺术审美能力，他将古典与现代，东方与西方元素加以利用并进行完美融合。小贝将18世纪的法式经典和中国风或南非元素加以对比及混搭，由此产生不同的灵感，拼拼接接，形成了这间公寓内部设计的特色。

"我喜欢硬朗的线条或图表式的元素，因此我想黑白条纹的设计可以成为我的个人标志。总体说来，这就是来自不同国家不同年代的，基于复古艺术之上的摩登之感。"小贝说。

尽管一些人认为黑白条纹设计是小贝的个人标志，这位年轻的设计师却是在自己的公寓内敢于用色——一些

大胆的颜色。"我的公寓是做用色实验最好的地方。"小贝在用色上同时融入了亚欧元素，蓝色或绿色的天鹅绒面料，东南亚绿点缀的卧室、深红色的漆柜、鲜红色的厨房墙面，又或是威尼斯蓝的餐厅搭配蓝色的陶罐。

"我主要在小房间或者是阳光照射不到的房间里使用颜色。对于面积稍大的房间或有阳光的房间，我会使用相对中性的颜色，比如浅灰色或白色。"

客厅是小贝与朋友客户社交的地方，整体设计风格偏中性化，有几个戏剧化的亮点进行点缀。"我从仓库淘来了一个老壁炉和一个带有漂亮木边花饰的老木门，整间客厅的设计从那时就开始了。"

他把壁炉和背后的墙涂成黑色，房间其余部分为白色或浅灰色，形成鲜明的对比。为了更有巴黎范儿，小贝安装了一面大的装饰镜。摩洛哥吊灯从天花板垂吊下来，沙发是绿色天鹅绒面料的，带有传统的法式风格，又具有浓浓的现代气息。两边安装有 20 世纪 50 年代的壁灯，两只绿色的大陶罐，一些平身雕塑像，定制的窗帘和纯白色的纱帘。

餐厅由于朝向北，即使在最阳光的天气里，还是会显得阴暗。"餐厅设计最大的挑战在于如何在不使用亮色的情况下（大多数人会这样做），依然让它显得有趣。最后我决定使用深色威尼斯蓝，让房间看起来更暗，更神秘。"小贝说道。他在墙上安装了展示架，放上蓝色陶罐，蓝色纱帘装饰窗户，还放置了一个未安装的老壁炉，营造出了一种亲密感，成为聚会的最佳去处。

这间公寓里的每个房间既复古又摩登，充满了折中主义，又混合了和激情。"我喜欢将时间花在厨房里。每天家里客人不断，我需要将房子保持得非常整洁。厨房实际上是我的私人空间。我在里面放了一张我最爱的 Eames 椅子和一个书架。我会让它稍显杂乱一些，设计也更随意一些。当朋友来家里吃晚餐时，我们的宴会通常会在厨房里喝点红酒为开始，也会在厨房里结束。"小贝说家代表了一个人。"我的事业最大的挑战就是完全了解人的性格和品位。我不喜欢家具展厅式的风格，所以我不会一直从同一品牌或店铺挑选家具。最好的就是对比和混搭，例如，经典混搭 20 世纪 50 年代风格，亚洲风格混搭法式风格。我喜欢对比，因为这会让设计看起来更加生动。""另外一件重要的元素就是光线。我在公寓里的每一盏灯上都安装了调光器。调整光线非常重要，当你喝茶、吃饭、宴客或者在工作时，不同的光线可以制造不同的氛围。调光器可以帮你做到这一点。光线也可以制造非常戏剧的氛围，就像我在走廊里做的一样。"

问问主人

问: **住在上海最好的事情是什么?**

答: 你还可以依然有梦想。

问: **请用三个词来描述你的家。**

答: 巴黎风、舒服、戏剧化。

问: **你家窗外最好的风景是什么?**

答: 复兴路的荫荫绿树。

问: **家里最喜欢的物品是什么?**

答: 我阿姨的油画作品。

老式公寓焕发新的
生命色彩

伊普（Elkie Yip）买下了位于复兴中路的一间 100 平方米的老公寓，理由是她可以在这里打造带有自己个性色彩的温馨家居生活。这间位于前法租界区的公寓激起了她艺术家的本能和热情。她毫不犹豫地对这里进行了改造，打造了属于自己的窝居。

作为一名零售定位顾问，伊普坚持要在市中心安家。"复兴路有很大的投资潜力。10 年前，这里只是一个普通的居民区。现在，音乐厅和环贸广场建成之后，这里成了炙手可热的地区。"当人们对新建公寓抱有极大热情时，伊普却开始关注老式稍显破旧、但有特色的公寓了。这间公寓带有一个私家小花园，给人一种自由的感觉。

原有的布局里有很多狭小的空间。伊普按照自己的喜好，将空间全部打开。她将小厨房周围的墙体拆除，将其打造为一个开放性的餐厅，于是她将这里作为整个家的核心。

在餐厅的墙上，她安装了镜子，不仅可以增强自然光的效果，也可给人一种更大的空间的即视感。她还设计一个走廊用来连接客厅和卧室。"在户型较小的公寓里，布局、细节和功能设计是至关重要的。"

伊普认为要打造温馨舒适的家，光线很重要。她的公寓位于一楼，采光效果较差，因此她在连接客厅和卧室的整个走廊处安装了一面延伸至屋顶的大落地窗，这样阳光就可以透进整个公寓。

她评价说她的设计和选择的物件都能展现一种大胆无畏的精神。她在香港的东南亚工作基地工作时，她就对中国文化和艺术充满了敬畏崇拜之意，当十年前她搬来上海居住时，这种感觉更加强烈了。她在内地居住的这些年里，抓住机会收集了全国各地的有价值的艺术藏品。

她最珍爱的物件往往是在市场，或一些不起眼的小店里淘来的。"我不断地搜罗一些老物件，然后对它们进行改造。只要可能，我会对它们再次使用或回收。"伊普说。当她收藏的老物件越来越多时，她开始准备找一间房子专门存放它们。她名下的另外一处房产位于新华路，屋内装饰品全部来自她的藏品。据她说，风格非常"装饰艺术"。

"我喜欢将中国古董和现代艺术混搭在一起。古典家具简单利落的线条和白色背景墙，可以更好地衬托突出艺术品的戏剧效果。"她说。每一件家具、每一件艺术

品都是伊普的心爱之物，每一件都蕴藏着不同的故事、朋友和经历。

卧室里悬挂着她的艺术家朋友牛安（Ann Niu）的油画作品。这些作品能够引起人们丰富的多层次的情感，沉迷其中而不能自拔。同时也反映了牛安坦率、充满活力的性格。直白有力、流畅优美的笔触，浓厚鲜明的色彩，混合在一起，处处散发着激情。

在餐厅区，唐汉文的油画作品《眼睛》，有一种将你带进去的魔力。"每当我看到它时，我都会很有感触。我第一眼看到这幅画时，我一下子就被它打动了。"

伊普的艺术品选择中有一些大胆冒险的成分。其他的作品比如，韩国插画艺术家洪承杓（Seung Pyo-Hong）和伊莲·纳瓦斯（Elaine Navas）。她家里的氛围部分来源于她的折中主义风格。她会以一种别人意想不到的方式来陈列艺术品和小摆设。这些装饰小物，不论是质朴风、民族风，还是现代的、私人的，抑或是图符的，混搭在一起，自然而不做作，让这个家更加迷人。

问问主人

问: 住在上海最好的事情是什么?

答: 在前法租界区徒步或是骑行。

问: 请用三个词来描述你的家。

答: 小、温馨、明亮。

问: 你家窗外最好的风景是什么?

答: 花园。

问: 家里最喜欢的物品是什么?

答: 餐厅里唐汉文的作品和牛安为我做的画像。

家里的"私人展馆"

每当陈汉全 (Juan Tan) 搬入新家时，他都会带上曾经让他感动不已的物件。他的设计，是设计师与空间、家具与艺术藏品之间进行的一场对话。他的公寓，位于南京西路，虽然只有 80 平方米，却符合他所有的标准：便利的交通、极具格调的内部设计以及一间品位不凡的浴室。"我看到这间公寓时，正在进行重新装修，我看到了它可以被升级改造的潜力。绝佳的地理位置，和窗外的绿树成荫一下子抓住了我的心。"他说，"我希望空间再大一些，能再增加一个卧室，但目前对于我来说，这样的空间正好。我说通了房东，改变了卧室和厨房的布局，让空间看起来更开阔一些。我个人很喜欢开放的空间，利落、有机的线条，能够勾勒出空间的各种线性。"陈汉全说。

他的设计风格，简约、惬意、温馨，营造出一种家的归属感。他的家里，每个物件都要物尽其用，摆放的位置能够给人带来极尽的愉悦。"我想在这里营造一种"画廊"式的感觉。为了让我的艺术品和收藏品得到充分的展示，整体空间采用的是中性色调。所有的艺术品，无论是版画、油画还是雕塑，房间里的大大小小的艺术品都让整个空间充满了画廊般的艺术气息。

每一件艺术品都有它独特的色彩与创意，每一件艺术品的背后都有属于自己的故事。"他说。

例如，前门的复古海报《生物反击战》，以其独特的线条赋予了空间独特的魅力。他因其张扬的色彩、复古的设计而深深着迷。艺术家周宏斌的《兔子》作品展示的是中国传统毛笔书画的流畅与灵动。客厅里悬挂着年轻艺术家孙尧的油画作品，富有张力，却含蓄内敛。"这些作品是我在人生中不同的时期收藏的。它们代表的是我人生中不同阶段的感悟、艺术品位以及艺术审美情趣。"他最钟爱的是卧室里婴野赋的作品。"婴野赋是我最崇拜的艺术家之一。他的作品中充斥着梦幻般的线条设计，虽采用的是古老的中国绘画技巧，也就是工笔画，但却是现代感十足。工笔画这种绘画技巧，对画者的耐心和精准度有很高的要求，考验的是画者的自控能力。当然，你的创作巧思可以天马行空。"

陈多年来收藏了很多其他艺术家的家具和艺术品，但家里摆设的物件中有一部分是他亲自操刀设计的。"我崇尚的设计是简单流畅的线条，不需要太多刻意的装饰。"客厅里的电视机柜、书架上做旧感的台灯、沙发背后堆砌感十足的书架、卧室床旁的边柜，均是为他的居家生活而亲自设计的。"我设计的这些单品，意味着它们是这世界上独一无二的，不是人人都能从某个大众品牌中买得到的。我崇尚简单、利落的线条，你会发现我的作品受唐纳德·贾德的影响很深，外观看起来是极简主义风格，但是需要很高的精准度才能完成。"

卧室陈采用的是日式榻榻米的风格。整个空间看起来非常的舒雅，也有非常好的收纳功能。屋内陈列的艺术品营造出了家的温馨感，陈说烘托这种氛围，灯光很重要。"我想每个人都对家有自己的概念和理解。我更喜欢暗淡的暖色灯光营造出的温暖的感觉。家具的选择有时也能冲淡由艺术品陈列带来的冰冷感。"作为一名平面设计师和摄影师，陈对构图、色彩和空间布局有很高的敏感性。"我太过于追求某种程度的平衡，因此我的装饰风格和布局也在跟着不断地变化。"他如是说。

陈是画廊里的常客。其实，有时从画廊里淘来的作品很难融入到家的风格里。为了解决这个难题，陈用一幅中心作品来奠定整个空间的主基调，他说"这幅中心作品应该放在空间最显著的位置，不管是在客厅里沙发的上方，还是主墙，甚至在你卧室床的上方。慎重的选择，不要在它周围陈列太多东西，以免分散注意力。"

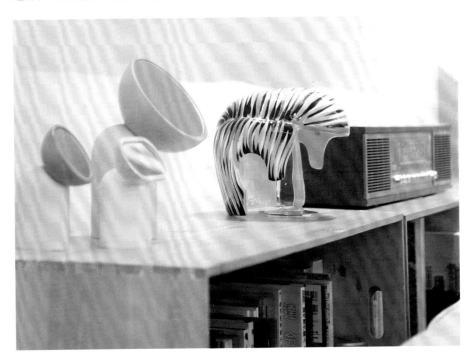

问问主人

问: 住在上海最好的事情是什么?
答: 上海的街道。充满了生活,且处于不断的变化中。

问: 请用三个词来描述你的家。
答: 简单、惬意、现代。

问: 你家窗外最好的风景是什么?
答: 窗外的绿树掩映。

问: 家里最喜欢的物品是什么?
答: 电视遥控器。

收藏家的微型博物馆家

葛浩博（Nicolas Grevot）和杨青倩（Lena Yang）在上海的老里弄房里住了七年，深刻体会了地道的上海魅力。他们觉得是时候感受不同的上海了，如果能找到理想的新家倒也是个不错的选择。

理想的新家要和他们的里弄房一样，漂亮、高端、大气。如此，他们找到了位于淮海路的亨利公寓（Henry's Apartments）。他们说这绝对是一见钟情。"我们喜欢我们的旧式里弄房，但是机会就摆在眼前，我们可以

搬进这间炙手可热的公寓里。我们没有抵抗住诱惑，当天就作了决定，把我们的里弄房租了出去。"葛浩博说。

亨利公寓是上海市优秀历史文化保护遗产，建于1939年，由当时法租界最有名的建筑公司 Leonard, Kruze&veysseyre 建造。"这座建筑保存完好，与它旁边的盖司康公寓（Gascogne）不同，几十年来几乎没有做大的改造或翻新。"

公寓的内部空间非常开阔，大大的窗户可以让更多的光线进入公寓内，创造了极佳的采光效果。墙面的颜色，葛浩博选择了更贴近原始墙面的色系：淡粉色、紫色、天蓝和灰色，与公寓本身具有的魅力融合在一起，营造出了家的温馨浪漫舒适感。

公寓的内部设计完美地展现了夫妻俩的风格和共同的兴趣爱好。收藏来的艺术品和小件文物点缀着空间的每个细节，每一件藏品背后都述说着他们的珍贵记忆和故事。"我们并没有想复制某种特定的风格设计。我家的风格源于我和我妻子有着共同的爱好——我们都热爱收藏原始物件、艺术品、异域文化的艺术品文物等，最重要的是，我们都喜欢收藏书。我们已收藏了大量来自世界各地的书。"他说。

25年前，当葛浩博从法国搬到台湾时，他就开始收藏中国文物。"那个时候，用相对公道的价钱还能淘到一件不错的真品。后来文物市场发生了变化，很高的市场需求，加上持续走高的市场价格，我转而开始关注台湾原住民文物。"他说道。

台湾原住民艺术指的是几千年前，远早在汉族人定居前的台湾土著人的艺术。葛浩博已收藏了大大小小近三百件原住民文物。三米高的房柱、四米长的雅美族木舟，与上海少数民族博物馆的展览品几乎一样，属于他最大件的文物藏品。

"我的文物藏品大多都在台北一家博物馆进行展出。另外，我和我妻子一直也在收藏当代艺术品，这是我们另一个共同的爱好。"夫妻俩多年来收藏的大量的文

物古董、现代艺术品、家具装点着公寓的每一处、每一个细节，赋予了属于自己独特的风格和灵魂。葛浩博一再强调他们没有刻意去营造某种风格或费心思将现代艺术与原住民艺术巧妙地混搭起来。"它就是它本身的样子。有时我们的公寓看起来像是博物馆，又像是阿里巴巴的山洞，事实上这是我们多年来收藏的结果。"

长长的走廊是整间公寓最有特色的地方。葛浩博将它设计成艺术藏品的展厅。随着时间的流逝，藏品越来越丰富，这里俨然成了一个微型博物馆。"我们原来住的老式里弄房没有这么大的空间，现在我们有了。"他说道。葛浩博对不同形式的艺术品和工艺品有着特殊的热爱和喜好。佛教艺术是他所钟爱的，尤其是犍陀罗艺术，又称为希腊式佛教艺术。"我有三件漂亮的犍陀罗艺术藏品，带有东西合璧的风格，正像是我和我的家人一样。"

葛浩博很兴奋地向我们展示了一件他最近入手的珍品——粉色硅胶材质花瓶，重塑仿秦汉花瓶风格（BC206-AD220），是艺术家张健君"水系列"作品。"这件作品是对历史的解构与重构，是对文化和历史的重新解读，值得人们去思考。"

艺术家张建军和他的爱人芭芭拉·爱德斯坦（Barbara Edelstein）是葛浩博最喜爱的艺术家。张建军的装置艺术在世界各地进行展出。另外一件新近入队的"宝贝"是他经常光顾却已关张的 Glamour 酒吧的旧门帘。"它让我想起以前在 Glamour 酒吧的日子，和那里举办的文艺节。那时我意识到这些旧门帘可以用来装饰我的新家，我问酒吧的主人我可以不可以把它们买下来。她说只要我给她的慈善机构捐赠一笔基金我就可以将它们带回家。现在，我不仅仅将它们看作是一件件漂亮华丽的装饰品，更是老上海的味道，一段对最爱的 Glamour 酒吧珍贵的回忆。"

问问主人

问: 住在上海最好的事情是什么?

答: 这里每一处都充满着活力, 这是一个东方与西方、古老与现代、传统与先锋互相碰撞的城市, 换句话说, 就是对比。

问: 你家窗外最好的风景是什么?

答: 上海音乐学院里巴伐利亚风格的屋顶。

问: 家里最喜欢的物品是什么?

答: 犍陀罗的头部雕像, 或者明朝年间的送子观音木雕。

艺术演绎的栖息之地

胶囊上海，一间新兴的上海当代艺术画廊，坐落于蜿蜒的里弄——安福路。它的主人在打造这所令人叹为观止的花园洋房画廊时，就早已在这条路上安家。这是一间老上海公寓，真实且宜居。

本文主人公恩里克·波拉托（Enrico Polato）在北京东北部的一栋高层里住了近10年后，于2013年搬来上海。他想找一间具有老上海风情的公寓。

"于是我开始在前法租界区需寻找房子。我联系了几家房屋中介机构，这如同大海捞针。最终，出乎我所料，我找了一家不知名的小房屋中介，他们给我介绍了我现在住的公寓，而且我对它一见钟情。"这位意大利人说。

他最重要的标准就是地理位置以及内装效果。波拉托希望有一个冲要的地理位置，这样他可以便捷地搭乘不同的交通工具。居住环境同等重要，他希望在踏进家门的那一刻感到舒适自然。

波拉托很幸运地成为这间公寓新整修之后的第一位房客。"房主没有大动这座老房子的原本结构，比如木地板和一些房间的砖墙，同时还增加了一些现代元素。"

厨房与房子的其他部分是分离的，可以经过共用的楼梯到达，中间有一扇小窗户。因此，一开始，波拉托很犹豫，但是他很快适应了这种居住方式。"房主放置了一些基础家具，比如床、餐桌和沙发。我没有从北京带太多家具过来，但是我有许多私人艺术藏品。所以我在墙上挂满了艺术作品，让这里再一次有家的感觉。"

最初，波拉托在古董家具店逛过很多次，因为这间公寓的风格如此，但是最终他还是选择了风格更偏现代、更具腔调的当代家具。"我喜欢在家里招待朋友，我希望我的家温馨舒适。"

作为一名意大利人，对艺术对设计有一种与生俱来的独到眼光。他在客厅放置了一张黑色钢架结构的

Kartell 咖啡桌。客厅紧邻餐厅，Kartell 餐椅放在餐桌旁。"由于艺术作品已经为整个空间增添了多种不同的颜色，我希望房内其他的一切遵循极简主义原则。"他说。

砖墙将客厅和私人生活区分隔开。打开卧室的门，你会发现房间里以木质装饰为主，并保留了原本的装饰设计。"我添加了一盏有点工业化风格的'Diesel Fornarina'台灯，增加了时髦感。还摆放了几盏落地灯，柔和的灯光让晚上更加的温馨放松。"

虽然公寓面积不大，但是房子里却有不同的装饰主题，波拉托尝试着通过摆放艺术品改变房子原有的风格。

他从事现代艺术行业多年，已有相当规模的私人藏品，有一些最爱的他希望陈列在家里。

公寓的入口很传统的老上海风格，他选择了老家具和色彩鲜明的油画作品，以及一张黑白石墨摄影作品。厨房是不锈钢的简约风格，为了中和这种冰冷感，波拉托悬挂了一组轻盈温暖的照片。在客厅，黑色和白色总是他对家具的首选色。然而他会选择一些色彩鲜明的油画作品，抽象派与形象派之间会有明显的分割线。

"卧室里我会在原有基础上用艺术作品增加现代感，同时玩转灯光效果，让现代感更加强烈。我很满意公寓

里的每个房间都有不同的风格。因为公寓离我的画廊很近，我可以每隔几个星期更换一些艺术作品。我还在逐渐增添家具，每一次用新艺术作品作为装饰时，我都尝试着与环境产生新的对话。我收藏的艺术品中有一些已经成了我从不离身的物件，我与它们之间已经产生了某种特殊联系。比如，美国艺术家 Sarah Faux 的作品在客厅的墙上已经悬挂了好长时间，从未被更换过。这幅作品让我开始慢慢了解她的作品，并与它产生了情感上的联系。"

一年前波拉托在同一条弄堂里，找到一栋漂亮的老式花园洋房作为他的胶囊上海画廊的空间。他专为独具才华的新晋艺术家提供向公众展示的平台，并为人们营造一种轻松的氛围欣赏艺术品。

"我希望我的家也是如此。我在家里陈列的艺术作品背后往往都隐藏着一段关于我的故事。这些艺术品对我来说就是我四处散落的生活碎片，也是我的生活世界的一幅幅图画。"最近他在家里陈列的艺术作品多是与他近几个月密切合作并且是今年画廊重点推荐艺术家的作品——高源的油画作品、冯晨的碳纤维艺术和文书作品，以及王凝慧（Alice Wang）的雕塑艺术作品。

"每当我拜访朋友家时，我总会被他们的空间装饰着迷，因为一个人的居住空间是他兴趣的真实写照。人们装饰自己家的方式是不同的：有一些人会使用私人照片、鲜花、收藏品或者是从各地旅行时带回来的纪念品进行装饰。在过去的 15 年里，艺术一直是我生命的核心。而我选择艺术，是因为每一件艺术品都是一段故事。不论是我收藏的艺术品，还是我在家里陈列的艺术品，大多数来自我认识的或相熟的艺术家。我喜欢跟随他们艺术的成长步伐，分享他们的喜悦，直到他们成功的那一天。"

在波拉托的家装设计中，灯具是很重要的一部分。他家里的灯具大部分来自 Casa Casa。"我喜欢 Casa Casa 家的家具设计风格，偏简洁现代化，与空间中古老的元素形成有趣的对比。"

问问主人

问: **请用三个词来描述你的家。**

答: 温馨、都市化、时髦。

问: **你家窗外最好的风景是什么?**

答: 附近的房子和绿树。

问: **家里最喜欢的物品是什么?**

答: 最近我最喜欢的是卧室里的一盏新不锈钢吊灯, 当它打开时, 就会变得几乎透明。

废旧工厂的华丽转身

只需要一点巧思，家就可以变身创意灵感的源泉。这正是瑞士设计师乔纳斯·梅里安（Jonas Merian）的案例。他从 2008 年底搬来上海居住。这几年来他曾住过高档精装公寓，之后搬进了一间充满老上海风情的老公寓。现在，梅里安决定去找一间工作室，他和夫人陈妮娜可以肆意发挥他们的创意，使这个空间既有家的功能，同时也是工作室和摄影工作室。

最终他们在杨浦区的五维空间创意产业园找到了这间废旧的工厂，足足有 220 平方米的空间，挑高 6 米。经过 6 个星期的改造工程，夫妻两个搬了进来。"温馨的家会让人感到舒服惬意。安静、舒适是重要因素。我非常喜欢自己亲手装修设计，会更有个人风格。"梅里安说，"这座老工厂建筑像一块空白的画布，非常完美。我们可以完全按我们的理念进行装修。这是一项大工程，我们得需要投很多钱，但是很值得，毕竟可利用的空间很大。"这个宽敞的跃层空间通风效果非常好。

原本这里就是一间大屋子，电在一个角落，自来水在另外一个角落，没有连接下水道。最初，他们认为这个改造工程他们可以自己做，但是几天下来，他们意识到要想完成这项大工程得花费几个世纪的时间。于是在改造公司的帮忙下，他们 6 个星期就完成了。

安装有空调,其他区域都没有。然而,当想象力插上翅膀开始飞翔,创意的温床就开始孕育了。这里既是家又是工作场所。最终富有灵魂的环境让他的工作充满创意。梅里安将居住空间放在楼上,其他空间是开放式的,包括厨房、餐厅、摄影工作室、他自己的工作室和展览室。

2010 年夏天,他们对这里做了二次改造。他们在女儿出生之前开辟出了一些功能区。现在,他们有一间专门的房间用作客厅兼办公室,这样就方便多了。冬天时只需要在这里取暖就可以,一举两得。在这种工业感十足的空间中,他们用一些材料和细节让空间更加个性化。大量回收材料的使用,糅合着他们亲手操刀设计的家具和艺术品,让整个空间更彰显迷人的魅力,凸显主

他们在整修的过程中使用了大量的回收材料,比如砌墙用的二手砖,客厅和办公区域里的二手木地板。"当然,住在跃层会有一些缺点。首先,老工厂本不是用来住人的。这里没有隔热材料,冬天无法取暖,夏天无法制冷。"梅里安说。唯一的方法就是将空间分割成小单元,可以单独取暖或制冷。只有客厅、办公区、客卧和主卧

人不凡的品位和格调。如果有一个空间具有如此这般吸引人的魔力，地理位置就变得不重要了。"我们一开始对空间如何布局有很模糊的概念，当一件事物搞定时，其他的工作也就顺理成章地往下推行了。"梅里安说。在改造过程中，梅里安亲自操刀设计打造了他们需要的第一件家具就这样他进入了家具制造业和回收业，让一些废旧材料得以二次利用创造价值。

"我的脑海里突然有了很多想法，于是我开始不停制作家具和家居饰品。不久，就有第一批顾客来问可以不可以买我的家具。"他的设计基本原则就是回收材料的使用，在空间的每一个角落都有所体现。梅里安使用回收材料来制造新家具，可能是上海老城建筑拆除时遗留的老木头，也可能是老中式饼干罐、老手提箱和老电视。每一件都经手工打磨而成，每一件都是独一无二的。

问问主人

问: 住在上海最好的事情是什么?

答: 我喜欢上海东西文化、新老事物、本土化与国际化的对比。

问: 请用三个词来描述你的家

答: 工业跃层、创意、个性。

问: 你家窗外最好的风景是什么?

答: 天气好时, 能看到蓝天。我们的窗户很高, 除了蓝天什么也看不到。

问: 家里最喜欢的物品是什么?

答: 最爱的就是最近刚刚完工的一件家具单品。

金山路上修复"秘密花园"

杰安彼德·柏罗第(Gianpietro Belotti),一家大型跨国公司的CEO,与其他在上海居住的外国友人不同,他选择了金山郊区处的一处居所。

"我在金山区已经居住了13年。我看着它一步步从一个小社区发展成为了一个现代化的城镇。它是一颗精美的小珍珠,散发着令人惊喜的光芒。我经常会特意抽出时间在这里走一走,转一转,去寻找一些意外的惊喜。"柏罗第说道。

"当我开车来上班时,就在我工作的工厂附近,我意外地发现了一个'秘密花园'。它是那么的不真实,超乎想象。第一眼望过去,你会瞥见它的优雅高贵、厚重的历史感,最让人心仪的是它周围的自然环境。古老的乡村别墅和神奇的花园混搭在一起,是多么的令人惊叹!但让人扫兴的是,建筑和花园中间建有一个宽大的停车厂。"他的脑海里涌现了一个如何重建这栋老建筑和花园之间的和谐联系方案。"这也是我面临的最大的挑战。整个建筑的布局,连同其马蹄形的形状设计,原本是要环绕这座花园,以及里面的六角亭和屋后池塘的。我们应该恢复它原本的设计目的。"

简单硬朗的建筑线条,搭配上富有弹性的屋檐曲线,整个建筑感觉柔和了许多。屋脊上龙的装饰与不规则的花园形成了对比。

"我从我朋友依青（Nunzia Carbone）的德度建筑设计公司请来了建筑师团队，从 Crespi Bonsai 邀请了卢卡·克雷斯比（Luca Crespi）来做花园设计，伊凡·科拉迪（Ivan Corradi）来做内部装饰设计。商议之后，我们决定在保护中国传统文化精髓的基础上，增添一些其他元素。"

为了营造一种更为复杂的和谐之感，他们尝试着打破现有的阴阳平衡，并重塑另一个新的平衡。"我们很清楚这很难做到，也明白我们会遭到来自正统派风水师和纯粹主义者的质疑，但是我们还是决定尝试将我们的想法和品位融入中国传统建筑设计中去。"

关于如何修补停车场给建筑和花园造成的裂痕，并将它们融为一个新的和谐体，他们制订了几套方案。但最终，他们决定在它们之间建造一个"飞台"。"我们的方案不仅仅关注空间，还有一些带有时代性的元素。因此预制混凝土和钢筋融入流水、山石、绿植中，将整个建筑紧紧环抱。"柏罗第说。

同样的"玩转时空"的理念也体现在了对花园的修整和建筑的内部设计上。在设计方案中的一个休闲区，柏罗第和他的团队把整个天花板摘掉，显露出了建筑原本的木梁屋顶。同样在墙体的改造中，去掉墙面的灰泥灰，露出原本的青砖。"我还记得我的第一株盆景，

那是 25 年前我从山里收藏而来的。我至今仍还记得那些在我家乡Brescia盆景俱乐部度过的美好的夜晚。那时候我经常与我的老年朋友们争论如何判断一株盆景形状好坏或是培育技巧。"

在来中国之前，他参与了国内的盆景运动，接受了日式的盆景理念——寓景于景。"当我来到中国时，我发现了另外一种盆景的理念，取法自然，表现自然。我从中国文化中学到了大自然的一切不完美都可以用一种优美的独特的艺术形式去弥补。"

"花园的改造工程，更多地体现了这种哲理思考。没有绝对的对与错。可选择的越多、可解决的方案越多，那么这件事的价值就越大。抱着这种想法，我试着给访客们提供不同的视角，让他们更好地融入风景艺术中去。"

从最一开始，柏罗第就看到了这里的潜力。现在这里成了他周末度假的场所，有时也和朋友一起在这里举办文化盛会。在所有可能的解决方案中，他更倾向于多功能实用性的环境，能够让他和朋友们得到一些启发。

"我的工作日程安排得很满，我几乎没有时间在花园里享受自己的时光，在这里讲究的是高质量的时间。我来这里经常是为了培训我的员工和园艺工人，要求他们讲究细节，要关注到每一个元素。在花园里接待朋友或顾客是我最惬意的时光，我们讨论不同的文化，以及它们之间的联系。有时能在黄昏或黎明时欣赏盆景，是一个不错的经历，建议大家尝试一下。

柏罗第还设计了几个时髦但是极简风格的餐厅，安装了养耕共生系统，可以种植有机蔬菜。最近他在这里举办了几次盆景工作展，他希望这能成为一个常规的活动。"随着盆景业余爱好者们知识越来越丰富，我们想着能举办一次或两次盆景展，也期待有一天我们能建造一座盆景博物馆，收藏来自世界各地大师们的杰作。"

图书在版编目(CIP)数据

美丽中国家：外国人在上海的家/《上海日报》编；王子贤
译.—桂林：广西师范大学出版社，2018.3
ISBN 978 - 7 - 5598 - 0550 - 8

Ⅰ.①美… Ⅱ.①上… ②王… Ⅲ.①住宅 - 室内装饰设计 -
图集 Ⅳ.①TU241 - 64

中国版本图书馆 CIP 数据核字(2017)第 327442 号

出 品 人：刘广汉
责任编辑：肖　莉
助理编辑：夏　薇
版式设计：张　晴
广西师范大学出版社出版发行

（广西桂林市五里店路 9 号　　邮政编码：541004）
（网址：http://www.bbtpress.com）

出版人：张艺兵
全国新华书店经销
销售热线：021 - 65200318　021 - 31260822 - 898
广州市番禺艺彩印刷联合有限公司印刷
（广州市番禺区石基镇小龙村　邮政编码：511450）
开本：635mm×965mm　　1/8
印张：31　　　　字数：50 千字
2018 年 3 月第 1 版　　2018 年 3 月第 1 次印刷
定价：198.00 元

如发现印装质量问题，影响阅读，请与印刷单位联系调换。